工业产品
艺术造型设计

（第3版）

王介民 编著

清华大学出版社

北 京

内 容 简 介

　　本书是清华大学出版社出版的《工业产品艺术造型设计》的第 3 版。该书的第 1 版和第 2 版共使用了 21 年，受到广大读者的欢迎。但随着工业产品和科学技术的发展，以及人们生活水平的快速提高，第 2 版的内容已显陈旧，因此有必要下决心重新编著第 3 版。本版在内容上增加了"广告设计""计算机辅助平面设计""计算机辅助 3D 打印设计"。本书内容全面、产品类别多样、科普性强，90% 以上实例是近年来最新及高精尖产品。本书采用彩色印刷，图文并茂、丰富多彩、趣味性强；对产品进行了详细科普性论述，并对一些实例进行了分析讨论和问答。书中的实例是从众多最新产品精选而得，可使读者多看多想，在理论联系实际的基础上对工业产品进行创新性的艺术造型设计。本书适合高等工科院校作为教材使用，也适合科研设计单位相关人员学习和参考。

图书在版编目 (CIP) 数据

　　工业产品艺术造型设计 / 王介民编著 . — 3 版 . —北京：清华大学出版社，2017
　　ISBN 978-7-302-45474-8

　　Ⅰ . ①工…　Ⅱ . ①王…　Ⅲ . ①工业产品 – 造型设计 – 高等学校 – 教材　Ⅳ . ① TB472

　　中国版本图书馆 CIP 数据核字（2016）第 274740 号

责任编辑：冯　昕　　王　华
封面设计：王介民
责任校对：赵丽敏
责任印制：沈　露

出版发行：清华大学出版社
　　　　　网　　　址：http://www.tup.com.cn，http://www.wqbook.com
　　　　　地　　　址：北京清华大学学研大厦 A 座　　邮　　编：100084
　　　　　社 总 机：010-62770175　　　　　　　　邮　　购：010-62786544
　　　　　投稿与读者服务：010-62776969，c-service@tup.tsinghua.edu.cn
　　　　　质量反馈：010-62772015，zhiliang@tup.tsinghua.edu.cn
印 刷 者：北京鑫丰华彩印有限公司
装 订 者：三河市溧源装订厂
经　销：全国新华书店
开　本：185mm×260mm　　　印　张：14.25　　　字　数：347 千字
版　次：1995 年 2 月第 1 版　2017 年 3 月第 3 版　　印　次：2017 年 3 月第 1 次印刷
印　数：1~2000
定　价：65.00 元

产品编号：072553-01

 **THANKS**

　　本书是在 1995 年第 1 版，2004 年第 2 版的基础上全面重新编著完成的。对第 1 版、第 2 版编著过程中刘朝儒教授、张秀芬教授、范雅萍教授、冯涓教授所做出的奉献表示诚挚的感谢。在 1995 年版直至第 3 版的完成过程中，得到了清华大学机械系制造工程研究所的鼎力支持。在第 3 版的编著过程中，多次参观了最具现代化产品的大型展览会，书中的工业产品实例均得到了相关厂家和研究机构热情的支持并主动提供有关资料和咨询，在此表示深深的感谢。

　　向清华大学出版社理工分社社长张秋玲编审为第 1 版、第 2 版的出版给予的帮助，本书的责任编辑冯昕和王华及相关工作人员一丝不苟的工作精神表示深深的敬意。

编著者

2016 年 10 月

　　距离本书第 2 版的出版已经过了 12 年，许多工业产品已经不能适应时代的要求。今有必要编著第 3 版，以适应当前时代的要求，不断创新，特增加部分内容。本书适合于高等工科院校机械类相关专业的课程使用，也可作为工程设计人员和科研人员参考，同时可供对工业产品艺术造型设计感兴趣者自学，提高知识面及扩大眼界。

　　本书第 1 版于 1995 年第 1 次印刷，直至 2003 年，共印刷了 8 次；第 2 版修订后于 2004 年第 1 次印刷至 2010 年，共印刷 6 次，发行量共 27 000 多册。由于科学技术的不断发展，发明创造日新月异，产品不断更新换代。改革开放使人们的生活水平不断提高，面对激烈的国际竞争，过去的许多工业产品已经显得陈旧落后无法适应时代发展的要求，尤其是人们的审美观念也在改变。时代在前进，工业产品也不能原地踏步，必须突破现状立起直追，创新再创新。因此，必须下定决心重新编著第 3 版。

　　本书的特点如下：

　　（1）增加了计算机辅助设计和 3D 打印技术等内容；

　　（2）增加了广告设计部分；

　　（3）本书 90% 的实例内容新颖，属于当前科学研究的前沿，可以开阔读者眼界；

　　（4）本书中的实例是经过研制单位同意许可而选用的，并主动向我们提供有关资料，而且欢迎选登宣传，我们衷心地向他们表示感谢！

全书编写分工如下：

清华大学机械制造系王介民教授编写第 1 章至第 7 章；清华大学机械制造系博士、清华大学核研院助理教授封贝贝编写第 8 章至第 10 章；清华大学机械制造系硕士生苏鑫编写第 11 章、第 12 章。清华大学机械制造系学士、清华大学经济管理学院硕士元茹峰为本书的编写收集了大量的参考素材，为本书的编写启动做了许多辅助工作。

王介民教授对全书进行了修改和总纂。

本书内容新颖、丰富多彩，对读者有一定的吸引力，理论联系实际，图文并茂，通俗易懂，具有一定程度的科普性。

应该说明，因为新的内容较多，对我们来讲也感到很兴奋，如获至宝。我们也在现场参观、学习、咨询、分析、研究，对产品才有了进一步的了解，也因水平有限，可能有错误或者不当之处，敬请谅解。

编著者

2016 年 7 月

CONTENTS

CHAPTER

工业产品艺术造型设计概述

　　工业产品涵盖的范围很广，它与工业生产、各行各业、人类生活都有密切的关系，小到一个茶杯，大到各种重型机器，如机车、飞机、建筑工程设备、矿山机械、航天设备、大型起重设备、航海运输设备、各兵种的军用器械、农业机械、工程设备、各式各样的高楼大厦等。可以说，工业产品千千万万，到处存在。

　　工业产品与一个国家的国力强弱有很密切的关系，也直接影响着一个国家人民生活水平的高低。早在 20 世纪 50 年代，长春汽车制造厂生产出了我国第一辆"解放"牌汽车，全国人民欢欣鼓舞，中国人民终于有了自己生产的汽车。紧接着，中国又设计制造出喷气式战斗机，大大增强了国力。随着时代的前进，社会不断地变革，科学技术突飞猛进，国际之间的经济力量的抗衡和斗争，人们的生活水平也要求提高，国家也逐步意识到工业产品的重要性，国强民富必定是中国人民的奋斗目标。

　　何谓"设计"？设计是制造产品的最先构想，要求设计人员首先明确该产品的功能、目的、样式等，设计者在脑中构思、画出图纸等。如何加工制造成为预先所想象的产品，在这个过程中，可能不是一帆风顺的。因为，"设计"可以说是一种创造性劳动，要创造出前人还没有的产品，但不能说设计不能参考别人的技术。日本在第二次世界大战失败后，国家很穷，但是他们很重视发展。当时他们的科学技术也很落后，怎么办？日本大量购买引进国外的先进产品，先仿造、后改进，结果日本国内工业产品的发展很是迅猛，国力也随之增强，人民生活水平提高很快，成为"亚洲四小龙"之一，这对我国来说应该总结和借鉴。

　　设计产品有它的基本要求。首先是实现产品的功能，其次是它的造型设计、色彩设计、人 - 机工程、材料、加工工艺、安全可靠性、价格等，应使产品物美价廉，在国际上才有竞争力。以上设计内容务必考虑，但设计的首要任务是怎样实现该产品的使用功能，其他内容是为产品的功能服务的，是相辅相成的关系。当然，设计应考虑民族传统文化和风俗习惯等。20 世纪 80 年代，北京国际展览中心经常举办各种工业产品展览会，80% 的展品都是国外的，国外的产品都放在展台的醒目处，而中国的产品却放展台的下边。国外大型设备现场运转加工，表演生产，参观者纷纷围观国外的产品，详细了解产品的性能、价格等，相比之下，中国的产品很少有人问津。中国产品在功能方面是可以的，但为什么不吸引人的眼球呢？其原因表现在加工工艺粗糙落后、外观造型土气陈旧，谈不上什么美观，色彩设计不吸引人，操作使用也不方便等，所以无法引起国人的兴趣。因而中国厂家只能与国外厂家洽谈订货，这必然对国内的产品造成严重的打击。比如汽车产品，笔者曾询问过好几位司机师傅，国外汽车和国产汽车哪个好开？回答非常明确：国外的汽车开起来比国产汽车好多了，司机很舒服。这就说明了国外汽车在设计、制造的过程中都充分考虑了人-机工程学，尽量使汽车适应人的心理和生理等方面的需求，这样司机驾驶汽车才能感到是一种舒适的感觉和美的享受，而且也更加安全可靠。这种情况不但是现实存在的，而且也是令国人感觉遗憾的。

改革开放以来，我国在设计、制造工业产品的道路上有许多成功的经验，也有许多失败的教训。我们是一面前进、创新，一面总结经验，逐步制订出了我国工业产品发展的基本方针："引进""消化""吸收""改进""创新"，为中国工业产品的设计、制造指明了道路。正是在这些方针的指导下使我国在短短几十年的经济建设中飞速发展，工业产品远销全球，成为全球出口大国。目前在国际上的许多产品均注明"MADE IN CHINA"，这说明中国人有能力、有智慧，不但能设计出国外已有的工业产品，而且也能设计生产出国外还没有的产品。以航空工业产品为例，见图1-1。

（a）　　　　　　　　　　　　　　　　　　　　　（b）

图 1-1　飞机

（a）"列宁号"；（b）C919 大型客机

图 1-1（a）是 1931 年在国内某地停放的中国人民解放军空军的第一架飞机，该机是当时国民党空军飞行员驾机起义而来的，命名"列宁号"，在抗日战争中发挥了很大作用。该飞机动力小、双翼，更谈不上艺术造型设计，但在当时可是个宝。图 1-1（b）是 C919 大型客机，是中国首款按照最新国际适航标准研制的干线民用飞机，于 2008 年开始研制，2017 年上半年起飞，正式运行、是我国目前第一架最大的客机、经济布局 150 座，高密度布局 174 座，标准航程为 4075 km。"C"是 China 的首字母，第一个"9"的寓意是天长地久，"19"代表中国首架大型客机最大载客量为 190 座。截至 2015 年 10 月，该机国内外用户数量为 21 家，总订单数达到了 570 架，航程最大达 5555 km。对比图 1-1 中两架飞机，说明了旧中国的航空工业之落后，另外也显示了经过 70 多年的努力奋斗，彻底改变了旧中国航空史上一穷二白的惨状，我国终于有了自己研制的国际标准的大型客机。

总之，设计制造出功能好、造型美、色彩宜人、人-机关系协调、加工工艺先进、安全可靠、人人喜爱的产品，艺术造型设计这门科学绝对是必须考虑和重视的，应该说这是一项系统工程。但要真正地步入实践，无论如何离不开人，因此最关键的问题是对人才的培养和为何培养。中国奋力向制造强国迈进，需要更多具有世界水平的技能型人才。从一个国家来说，它所生产的产品质量实际上取决于技能型人才的水平。没有一流的技工就没有一流的产品，中国人经过几十年的艰苦拼搏，能让中国的高铁飞驰、"蛟龙"入海、"玉兔"登月，是前人想都不敢想的，也让全世界刮目相看。随着时间的推移，中国人民即将把自己的国家建成一个强大的"设计强国""制造强国"和"创新强国"。

CHAPTER 2

造型设计基础

2.1 造型设计的基本几何要素

工业产品的外观形态各式各样，千变万化。但如果仔细观察、分析和归纳它们的形体构成，会发现不管它们的形体多么复杂多变，却总有一个共同的规律，即都是由一些基本几何要素按一定方式组合而成的。因此，研究构成形体的基本几何要素和基本构成方式对造型设计有着实际的指导意义。

造型设计的基本几何要素是点、线、面、体。

1. 点

1）点的含义

众所周知，几何上的点是只有位置而无大小的。但是在工业造型设计中所谓点的含义却并非如此。

工业产品造型设计中的点是指那些和整体相比起来相对细小的造型单元。

图 2-1 所示的仪器面板上的指示灯、旋钮、开关以及文字、商标、符号等和仪器及面板整体相比而言都可以认为是点。因此，点有大小，也有形状，但这大小并无绝对标准，只是相对而言。某些巨大设备或造型物，如大型机床、船舶、建筑等，其上的某些部件或

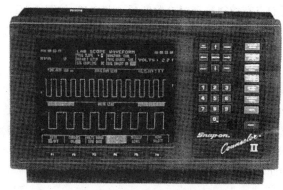

图 2-1　汽车发动机分析仪

部分（如舷窗、操纵手轮、标志）的尺寸很大，但从整体来讲这些都可以认为是点。手表上的刻度、文字、标志也是点，它们的尺寸就很小。这两种情况下的点相差得非常悬殊。

2）点的视觉效果

点的形状可以各式各样，千变万化。但总的来说有直线、平面形和曲线、曲面形之分。前者如平面内的正方形点、三角形点、多角形点和空间的各种平面立体形点；后者如平面中的圆点、椭圆点和空间的球。点也可以由直线、平面形和曲线、曲面形结合而成。

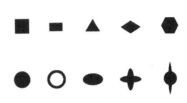

图 2-2　点的形状

图 2-2 列举了不同形状的点。

观察不同形状的点，可以体会到其带给人的不同的视觉效果。例如，

直线类点：给人以坚实、有力之感。

曲线类点：给人以饱满、充实、圆润之感。

点的视觉效果还因其数目、位置、排列方式的不同而不同。

当面上或空间只有一个点时，此点显得特别明显突出，尤其是带有不同色彩的点更为突出。它不断吸引着人们的视线而形成视觉中心，如图 2-3（a）所示。

当形状、大小相同的两个点在一起时，在视觉上两点之间有互相吸引和互相排斥的作用，导致人们的视线在两点之间不停地往复移动，形成两点之间似乎有线相连的视觉效果，如图 2-3（b）所示。

当两点形状相同大小不同时，大点首先引人注目，而后视线渐移而至小点，最后视觉中心仍在大点上，如图 2-3（c）所示。

当少量形状相同、大小相等的奇数点排成一线时，人们的视线先是在这几个点上往复移动，最后停留在居中的点上，此点形成视觉中心，如图 2-3（d）所示。但点数不能过多，过多则无点的效果，一般不超过 7 个点。

多数相同的点分散排列时，由于视线分散，不易形成视觉中心，观察后给人对某种图形的视觉效果，如图 2-3（e）所示。

当形状相同、大小呈规律变化的点规则排列时给人以运动感和空间进深感，如图 2-3（f）、（g）、（h）所示。

形状、大小不同的点有规律排列时有跳跃感和节奏感，如图 2-3（i）、（j）所示。

形状大小多变又无明显排列规律的点给人以杂乱无章又不协调之感，设计中应避免出现。

2. 线

造型设计中的线是指平面立体的棱线、曲面体的轮廓线、面所积聚而成的线、平面图形的边界线、造型物上的分割线、装饰线以及那些长宽比比较大的造型物本身。

线的粗细无绝对标准，只要长宽比比较大，视觉上就有线的感觉。一支铅笔可以看成线，一座高耸的烟囱也同样可以看成线。

点的运动轨迹形成线，小点的运动轨迹呈细线，大点的运动轨迹呈粗线。

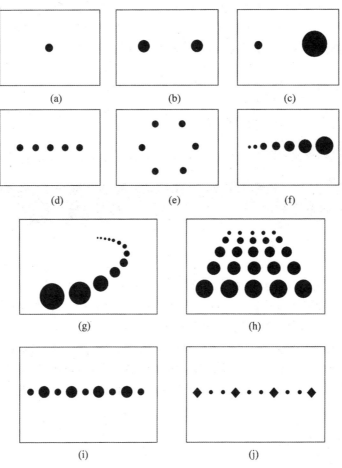

图 2-3　点的视觉效果

线是造型设计中的重要要素。无论是在体的造型过程中还是在装饰设计阶段都要重视线的设计。

1）线的宏观形状

线的宏观形状是指线在延伸方向的变化情况。线的延伸方向不变为直线，随时间不断变化呈曲线，间断突变则呈折线。

（1）直线

在造型设计中，直线亦被称为硬线，它给人以刚劲有力、挺拔正直之感。

直线的方向不同，其本身所呈现的个性不同，视觉效果也不同。在造型设计中往往利用不同方向的直线来构造形体或装饰产品，以改变和改善产品的某些固有形态。

① 水平线。一方面，水平线有引导观察者视线做水平移动的作用。水平线可以代表一个水平面，使人感到好似在欣赏风平浪静的水面，显得平静、稳定、安全。另一方面，由于点做水平运动的轨迹形成了水平线，所以水平线又可以给人以水平运动的动感。这种动感同样使人感到是平衡、安全的运动。交通运输设备就是一种既要给人以运动感又要令人感到平稳、安全的造型物，所以在其上常作出水平分割线和装饰线。图 2-4 所示的大巴

车的色彩主调为白色,有轻快感,为了增加车的稳定性在车的两侧设计了一条细的水平线,分割了车的高度,视觉效果可使整车的高度有所降低增加了大巴车的稳定性。车下部的色彩设计成蓝色的波浪带,蓝色比白色有沉重感,对整车在视觉上又有下沉感,增加了大巴的稳定感,也增加了大巴的整体感。

图 2-4 大巴车

② 竖直线。竖直线又称铅垂线,它有引导观察者视线,使之做上下竖直运动的作用。竖直线表示了力量和重力的平衡。视觉效果挺拔、刚劲、向上、稳定。在产品上用竖直线作装饰可增加挺拔之感。图 2-5 所示为一个智能机器人,它可以与你对话、咨询服务、唱歌,整天站立在那里忠实地为你服务。设计者在它的正面设计一条黑色的铅垂粗线状部件,在人们的视觉上增加了挺拔有力之感,给人以心理上、精神上的暗示。

③ 倾斜线。可以将倾斜线看成是水平线或竖直线运动而形成的,如图 2-6 所示。斜线给人以处于运动中间位置之感,有动态不稳定感以及不平衡感。在造型设计中使用倾斜线可使产品形态显得活泼、醒目,打破由于竖直线和水平线过多而造成的方正、拘谨、呆板之感。如图 2-7 所示的银白色大巴,由于整辆车主色调为单一色,视觉效果单调死板、不够活泼。设计者在车头上方设计了一条斜线直连车顶,使整车在外形上活泼起来,令人感觉轻快、动感,视觉整体性好。

图 2-5 智能机器人

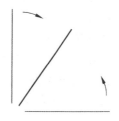

图 2-6 倾斜线的形成

图 2-7　大巴车

因为斜线的视觉效果有动感，倾斜线比水平线和竖直线更易引人注意，所以在提醒人们注意安全的场合常用黄黑或黑白、白红相间的粗斜线涂在造型物上。

（2）曲线

曲线给人以光滑、流畅、圆润、丰满且富有弹性的感觉，它富于变化，如果巧妙地使用可以设计出丰富多变的形体。

很多现代工业产品在使用时要满足一定的数学、物理上的要求，如高速汽车、船舶和飞行器等都需要其外形符合空气动力学的要求以及对光照的反射效果等，这就使得曲面在造型设计中大量使用。设计曲面和制造曲面的基础在于构造和制造曲线。当代计算机辅助设计（computer aided design，CAD）和辅助制造技术（computer aided manufacturing，CAM）的发展使得曲线、曲面的造型设计和实现已全面普及，因此，近年来曲线在造型设计中已被大量使用。

曲线在造型设计中被称为软线。常用的曲线按其形成规律可分为解析函数曲线和自由曲线两种。

解析函数曲线指那些可以用较简单的解析函数式表达的曲线。平面曲线中的圆、椭圆、双曲线、抛物线、三角函数曲线、渐开线和空间曲线中的螺旋线等均属此类。

各种解析函数曲线的特性和变化规律随其函数关系不同而不同，但总的特点是变化规律性强，变化关系相对简单，易于构造和制造，数学和物理特点明显突出。此类曲线给人以科学性和现代化之感。解析函数曲线又称为规则曲线。

自由曲线又分为两种：一种是在造型设计时由艺术家或设计师按美学法则徒手自由绘制而成的，另一种是由计算机辅助设计构造而成的。前者曲线呈任意形，给人以优美、流畅、活泼和浪漫之感。它富有特殊的表现力，可以使观察者产生丰富的联想，故常用作轻工业产品或日用品造型，或用作装饰曲线。后一种自由曲线是根据造型物的功能要求，按某些约束条件控制曲线上的若干型值点，用拟合或逼近方法构造而成的。它可以用分段参数多项式表达。在制造时常利用数控技术实现。此种自由曲线广泛地用于飞机、船舶、汽车的造型设计中。最常用的有三次样条曲线、贝塞尔曲线（Bézier curve）和 B 样条曲线等。

① 常用基本解析函数曲线的绘制

绘制曲线最好的方法是用计算机编程绘制，当不具备条件时也可以用手工绘制。下边介绍一些常用基本解析函数曲线的手工绘制方法。

a. 椭圆。椭圆的精确画法如图 2-8 所示。

第 1 步：用长轴画大圆，用短轴画小圆。作辐射线与大圆交于 m 点，与小圆交于 n 点。自 m 点引竖直线，从 n 点引水平线，交于点 P，P 即为椭圆上的点（图 2-8（a））。

第 2 步：补充若干辐射线用同样方法作图，取得椭圆上的若干点（图 2-8（b））。

第 3 步：用曲线板将各点连接成椭圆（图 2-8（c））。

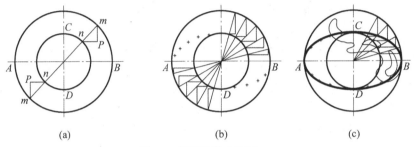

图 2-8　椭圆的精确绘制

椭圆的近似画法如图 2-9 所示。

第 1 步：画出长轴 AB 和短轴 CD，连 AC，以 O 为圆心，OA 为半径画弧 AE；再以 C 为圆心，CE 为半径画弧交 AC 于 F 点（图 2-9（a））。

第 2 步：作 AF 的垂直平分线，与 AB 交于点 K，与 CD 交于点 J（图 2-9（b））。

第 3 步：取 $OL=OK$，$OM=OJ$，得 L 和 M 点。分别以 J，M 为圆心，JC 为半径画大弧。再分别以 K，L 为圆心，KA 为半径画小弧，切点 T 位于圆的连心线上（图 2-9（c））。

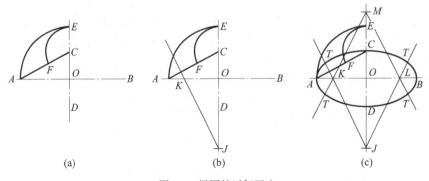

图 2-9　椭圆的近似画法

矩形法绘椭圆，如图2-10所示。

第1步：过椭圆长、短轴的端点 A，B，C，D 作水平线和垂直线，得矩形。

第2步：将 OB 和 BL 分成相同等分（图中分为四等分），等分点为 T_1，T_2，T_3 和 S_1，S_2，S_3。

第3步：连接 CT_1，CT_2，CT_3 和 DS_1，DS_2，DS_3 延长交 CT_1，CT_2，CT_3 于 P_1，P_2，P_3 各点。

第4步：光滑连接 C，P_1，P_2，P_3，B 各点，即得第一象限的1/4椭圆。

第5步：用类似方法可画出其他各象限的椭圆。

b. 抛物线。抛物线的定义：与一定点 F 和一定直线 L 距离相等的动点的轨迹。F 称为抛物线的焦点，L 称为准线。

已知准线和焦点作抛物线的方法，如图2-11所示。

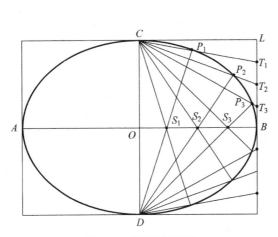 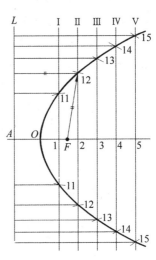

图2-10　矩形法画椭圆　　　　　　图2-11　抛物线的绘制（一）

第1步：自焦点 F 作准线 L 的垂线，得垂足 A。

第2步：取 FA 中点 O，此为抛物线顶点。

第3步：自 O 点起将 OF 延长线分为若干等分，得分点1，2，3，4，5…。

第4步：过1，2，3，4，5…各分点作线与 L 平行，得Ⅰ，Ⅱ，Ⅲ，Ⅳ，Ⅴ…。

第5步：以 F 为圆心，以 L 线与Ⅰ，Ⅱ，Ⅲ，Ⅳ，Ⅴ各线间距离为半径作弧，分别交各线于11，12，13，14，15…各点。

第6步：光滑连接 O 点及11，12，13，14，15…各点，即得抛物线。

已知抛物线顶点高度和开口距离作抛物线的方法，如图2-12所示。

第1步：设开口宽为 b，顶点到开口处高度为 h，以 b 为一边，以 h 为另一边作矩形 $ABCD$，令 $AB=CD=b$，$BC=DA=h$。

第2步：作 CD 和 AB 的垂直平分线，此即为抛物线的对称轴，得顶点 O 和点 H。

第3步：分 OD 和 DA 各为 n 等分，设 OD 上的分点顺次为 A_1，A_2，…，DA 上的分点顺次为 B_1，B_2…。

第4步：过 A_1，A_2…各点作线平行于 OH，各线依次交 OB_1，OB_2，…于 P_1，P_2…各点。

第5步：依次光滑连接 O，P_1，P_2，$\cdots$，A 各点就得到抛物线的一半。

第6步：用同样方法作出抛物线的另一半。

已知抛物线的两切线作抛物线的方法，如图2-13所示。

第1步：将已给定的两切线分成相同等分。

第2步：连接对应分点 1-1，2-2，$\cdots$，这些线均为抛物线的切线。

第3步：作这些切线的包络线，即为所求抛物线。

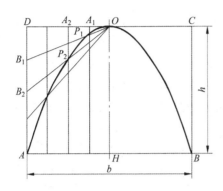 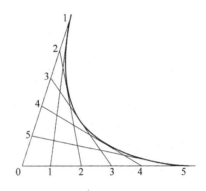

图 2-12　抛物线的绘制（二）　　　　图 2-13　抛物线的绘制（三）

c. 双曲线

双曲线的几何特性是：曲线上任一点距两个焦点的距离之差等于一个定值，此定值即为两条双曲线顶点之间的距离。

已知顶点 A_1，A_2 和焦点 F_1，F_2 作双曲线的方法，如图2-14所示。

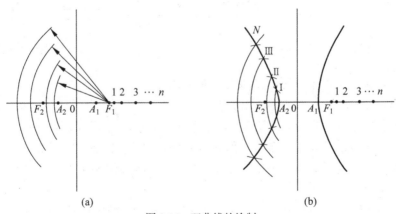

图 2-14　双曲线的绘制

第1步：将 F_1，F_2，A_1，A_2 四点连成一线，此线即为双曲线轴。在轴上任取一系列点 1，2，3，$\cdots$，n。

第2步：以 F_1 为圆心，以 $A_2 1$，$A_2 2$，$\cdots$，$A_2 n$ 为半径作一系列同心圆弧（图2-14(a)）。

第3步：以 F_2 为圆心，以 $A_1 1$，$A_1 2$，$A_1 3$，$\cdots$，$A_1 n$ 为半径作一系列同心圆弧，与上次所作各圆弧对应相交得到 I，II，III，$\cdots$，N 一系列点，将这些点连成光滑曲线即为双曲线的一叶。另一叶用相同的方法作出。

②派生曲线的绘制

"派生"指由第一性的、本原的东西产生第二性的、从属的曲线。派生曲线即指由一条原始曲线经过变形、移动而产生的另外一条或几条曲线，这一条曲线或几条曲线与原始曲线在性质上和形态上有区分但又有联系，符合于美学法则中的"统一中有变化，变化中求统一"的原则。如椭圆，改变其长短轴比例所得到的新曲线仍为椭圆，仍保持椭圆所应有的性质，但其形态上又有了变化（如各点处曲率发生了变化）。变化前后的两个椭圆相互之间又有联系，使人们感到它们是同类或同族。

曲线派生的方法广泛应用在系列产品的造型设计中。

原始曲线可以是解析函数曲线，也可以是任意自由曲线。

a. 比例曲线的绘制。取某一条曲线作为原始曲线，置其于直角坐标系之中，将曲线上各点的横、纵坐标值二者之一或二者同时按比例变化（放大或缩小）或改变两坐标轴之间的夹角，所得新曲线即为比例曲线。

[例2-1]　已知直角坐标系 xOy 中原始曲线 OA，试完成横坐标放大2倍后的比例曲线。

解：作图方法如下，见图2-15。

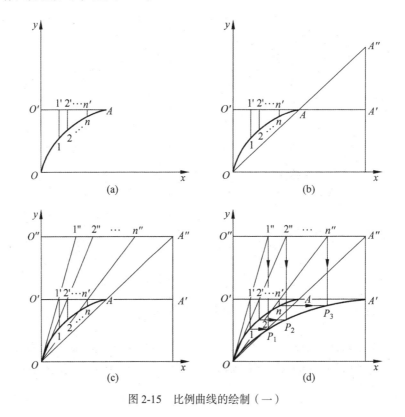

图2-15　比例曲线的绘制（一）

第1步：在原始曲线上任选若干点 $1, 2, \cdots, n$，过 A 点作线平行于 Ox 轴且交 Oy 于点 O'，过 $1, 2, \cdots, n$ 各点作线平行于 Oy 轴且交 $O'A$ 于点 $1', 2', \cdots, n'$（图2-15（a））。

第2步：将 $O'A$ 延长至 A' 点，使 $O'A'=2\,O'A$，过 A' 作线平行于 Oy 轴。连接 OA 且延长交于 A'' 点（图 2-15（b））。

第3步：过 A'' 作线平行于 Ox 轴得 O''，连 $O1'$，$O2'$，…，On' 各线且延长交 $O''A''$ 得 $1''$，$2''$，…，n''（图 2-15（c））。

第4步：过 $1''$，$2''$，…，n'' 各点作垂直线，过 1，2，…，n 各点作水平线交于 P_1，P_2，…，P_n 各点，将 O，P_1，P_2，…，P_n，A' 依次光滑连接即为所求曲线（图 2-15（d））。

保持 x 坐标不变，y 坐标作比例变化，或 x,y 坐标同时变化的比例曲线的画法与此类似。

[例 2-2]　已知直角坐标系 xOy 中的原始曲线 AB，求 Oy 轴旋转 $-30°$ 后新坐标系中的比例曲线。

解： 作图过程如下，见图 2-16。

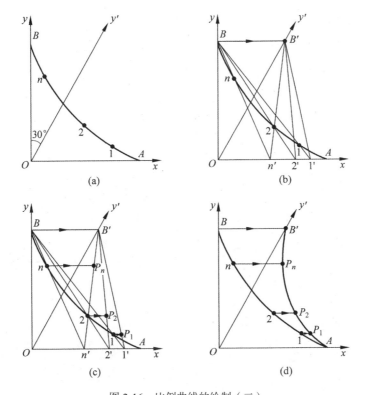

图 2-16　比例曲线的绘制（二）

第1步：在原始曲线 AB 上取 1，2，…，n 任意点，作出新坐标轴 Oy'（图 2-16（a））。

第2步：连接 $B1$，$B2$，…，Bn 交 Ox 轴得 $1'$，$2'$，…，n' 各点，过 B 作线平行于 Ox 轴交 Oy' 于 B'，连接 $B'1'$，$B'2'$，…，$B'n'$，如图 2-16（b）所示。

第3步：过 1，2，…，n 各点作水平线交 $B'1'$，$B'2'$，…，$B'n'$ 得 P_1，P_2，…，P_n 各点（图 2-16（c））。

第4步：将 P_1，P_2，…，P_n 各点依次光滑连接，即得所求曲线（图 2-16（d））。

b.曲线的平行（等距）曲线。它的作图法如图2-17所示。

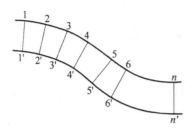
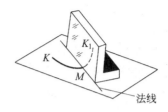

图2-17 平行曲线的绘制   图2-18 曲线法线的绘制

第1步：在原始曲线上取若干点1，2，3，…，n，过各点做此原始曲线的法线。曲线的法线的作法是过曲线上的点 M 放一金属制的、表面镀铬的直角反射镜，如图2-18所示。当曲线 KM 和它在镜中的映像 K_1M 在 M 点光滑连接时，反射镜的棱边即为曲线在 M 点的法线。

第2步：在各法线上按所需距离截取出 $1'，2'，3'，…，n'$，将这些点连成光滑曲线即可。

c.同族曲线的绘制。同族曲线是由一条原始曲线在一定的边界条件约束下，按某种方式派生而成的一组曲线，它们具有共同的曲线特征。在造型设计中此种方法广泛使用，特别是构造光滑变化的曲面的骨架型线时经常使用。

原始曲线可以是函数曲线也可以是非函数曲线，边界条件可以根据实际需要确定，派生的变化规律也可以有各种形式。

常用的是平行边界条件和垂直边界条件下的比例派生曲线。

[例2-3] 利用原始曲线 AB 和平行边界条件 $AA_3 // BB_3$，过 A_1，A_2，A_3 三点派生出三条同族曲线 A_1B_1、A_2B_2 和 A_3B_3。

解：作图步骤如下（图2-19）。

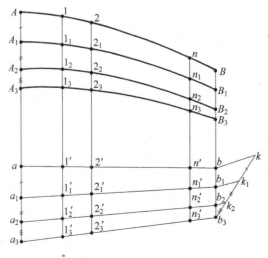

图2-19 绘制同族曲线

第1步：在 AB 曲线下方合适的地方作水平线 ab，a 在 AA_3 的延长线上，b 在 BB_3 的延长线上。

第2步：在 AB 曲线上取 1，2，$\cdots$，n 共 n 个点，过各点作垂直线交 ab 于 1′，2′，$\cdots$，n'。

第3步：作垂直线 $aa_3=AA_3$，$bb_3=BB_3$，连接 a_3b_3，与各垂直线 11′，22′，$\cdots$，nn' 的延长线交于 $1_3'$，$2_3'$，$\cdots$，n_3' 各点。

第4步：在 aa_3 线上取点 a_1 和 a_2，方法是令 $aa_1=AA_1$，$a_1a_2=A_1A_2$。在 bb_3 上如何找出与派生曲线右端 B_1，B_2 点对应的 b_1 和 b_2 点呢？还是利用"比例"关系：过 b_3 点任作一射线 $b_3k=a_3a$，在此线上截取 $kk_1=aa_1$，$k_1k_2=a_1a_2$，连接 kb；过 k_1 作直线平行于 kb 交 bb_3 线于 b_1 点，过 k_2 作线平行于 kb 交 bb_3 线于 b_2 点。这样求出的 b_1 点和 b_2 点可以保证 bb_1：b_1b_2：$b_2b_3=aa_1$：a_1a_2：a_2a_3。也就保证了三条派生曲线右端点间的距离与左端点间距离的"比例性"。在后续的作图步骤中也就保证了三条派生曲线上各对应点间距离的"比例性"。

第5步：连接 a_1b_1，a_2b_2 与 $1'1_3'$，$2'2_3'$，$\cdots$，$n'n_3'$ 各垂直线交于 $1_1'$，$2_1'$，$\cdots$，n_1' 各点以及 $1_2'$，$2_2'$，$\cdots$，n_2' 各点。

第6步：在 11′，22′，$\cdots$，nn' 各垂直线上取 1_1，1_2，1_3；2_1，2_2，2_3；$\cdots$；n_1，n_2，n_3 各点。令 $11_1=1'1_1'$；$1_11_2=1_1'1_2'$；$1_21_3=1_2'1_3'$；$\cdots$，$BB_1=bb_1$，$B_1B_2=b_1b_2$，$B_2B_3=b_2b_3$。

第7步：依次光滑连接 A_1，1_1，2_1，$\cdots$，n_1，B_1 和 A_2，1_2，2_2，$\cdots$，n_2，B_2 以及 A_3，1_3，2_3，$\cdots$，n_3，B_3 即为所求的三条同族曲线。

（3）折线

折线是由方向突变的直线连接而成的。无规则变化的折线使人有不安定感；有规则变化的折线常用在造型设计中，使人感到有节奏的起伏变化，如轻工业厂房屋顶的设计。和曲线的变化相比，折线的变化明显、突然。图 2-20 为在建筑上的折线屋顶，如轻工业厂房屋顶的设计。

图 2-20　有规则变化的折线的使用

由于折线呈现出若干个尖角，对人的视觉有刺激作用，折线也能令人感到突出、刺激、惊奇。据此，在一些提醒人们注意安全的场合（如电力设施、防爆场合等），常使用不规则变化的折线边界封闭图案作为标志。

2）线的形态

线的形态指的是线的粗细，单、复线，线宽的变化，线端的变化以及线的凸、凹等。

（1）线的粗细

线的粗细不同给人的视觉效果不同。粗线显得强壮有力，浑厚稳重；细线显得柔和秀丽，精细纤巧。

（2）单线和复线

不同粗细的单线表现力不一样，在造型设计时，往往把两条或两条以上不同粗细的线结合到一起使用，成为"子母线"。"子母线"是复线，其视觉效果刚中有柔，粗犷中有秀丽，浑厚中见精巧。在设计装饰线、分割线时常采用"子母线"。

也可以把多条细线组合使用称为复线，使其宏观效果显著而微观效果轻巧。

在图 2-21 中（a）为粗线，（b）为细线，（c）、（d）、（e）、（f）为"子母线"。

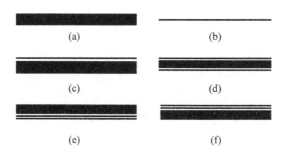

图 2-21　线的粗细和子母线

（3）线宽的变化

有时对线宽可以做不同的艺术处理以求变化，如图 2-22 中（a）为等宽,（b）为渐变,（c）为双向渐变,（d）为多次变化。

图 2-22　线宽的变化

（4）线端部形状的变化

根据人们的心理反应和视觉经验，线的端部形状不同人们的视觉感受也不同。线的端部形状可以作如图 2-23 中所示的变化。

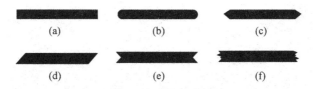

图 2-23　线端部的变化

图（a）线端呈垂直边（方端）：有规律、稳定感；

图（b）线端呈曲线：有浑厚、圆润感；

图（c）、图（d）、图（e）线端为斜线，有锐角：有锋利感和前进感；

图（f）线端呈齿状：有破碎感和刺激感。

（5）线的凸与凹（明线与暗线）

产品某表面上的分割线或装饰线若与所在表面平齐或凸出于该表面则称为明线；若凹低于该表面则称为暗线。如图 2-24 所示，（a）为明线，（b）为暗线。

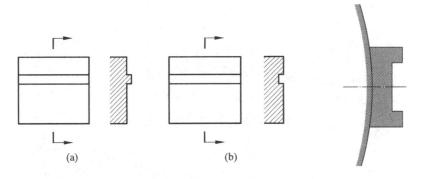

图 2-24 明线与暗线   图 2-25 线的多次凸凹

由于线的凸、凹、平、齐各不同，光影效果自然不同，表现力也有差异。明线显得明快饱满，突出；暗线显得深沉、含蓄。有时需要对线做较为复杂的凸凹处理，如图 2-25 所示为汽车车身装饰条的截面，装饰条对车身是凸出的，装饰条的本身表面上又做了一次凹处理，使得明暗变化更加丰富，增加了表现力。

在产品的薄板外壳上压制出凸凹的棱沟或固定上装饰条，不但可以得到明线或暗线的装饰效果，而且还可以增加它的强度和刚度。

图 2-26 为大型公交车，在长度方向上尺寸较大，整体造型的视觉效果有稳定感。车整体色彩设计为黄色，视觉上有轻飘感，设计者在车的下部设计了飞鸟类图案使整车有动感，又在车身中部设计了一条水平细线使整车有稳定感。

图 2-27 为"和谐号"动车，整体造型美观，呈流线形，色彩呈白色，有轻快感，也有速度感。设计者在整车车身两侧设计了一条水平线，在视觉上有平稳、安全感。

图 2-26 大型公交汽车

图 2-27 "和谐号"动车

图 2-28 为大型豪华邮轮，邮轮高度较高，主色调呈白色，有轻飘感。设计者在邮轮中腰处设计了一条黄色带，在视觉上起到了降低邮轮的整体高度的效果，又增加了邮轮的整体表现力。

图 2-28　大型豪华邮轮

3. 面

造型设计中的面包括两部分内容：一个是指造型物的表面，造型物是通过表面和外界接触的，人们可直接感知；另一个是指那些厚度特别小（相对其他尺寸而言）的造型物本身，如薄壳屋面的屋顶、船上的帆等。这后一种"面"是有厚度的，这一点和几何上的面的概念不同。

从几何的角度分析，面是线以某种规律运动的轨迹，不同的线以不同的规律运动形成了不同形状的面。

面分为平面和曲面两大类。

1）平面

平面给人的感觉是平坦、规整、简洁、朴素。由于平面易于制造和加工，在使用上有很多优良性能，所以平面是各类造型物中使用最广泛的、最基础的面。建筑物、机器、仪器、仪表及家具等的表面大多是平面。

几何学中的理想平面是无限延伸的，但在实际造型设计中平面总是有边界的。不同的边界使平面呈现出不同的形状，视觉效果也有所不同。不同形状平面的视觉效果我们将在后文中讨论。

2）曲面

曲面使人感到流畅、光滑、柔和、丰满、富于变化、有动感。在光线照射下能形成丰富变化的"亮线"，显得富丽豪华，如高级轿车、飞机、船舶的外表面。

曲面在造型设计中应用较为广泛的一个重要原因是因为曲面可以用来满足对造型物表面的某些物理、数学性能上的要求。这些要求往往是造型物必须保证的功能要求，如飞机、船舶的流体力学要求，某些设备对光和电磁波的反射、聚散要求以及某些导管的截面变化要求，某些造型物的体积和占据空间位置要求以及人机工程学的要求等这些特殊要求，只有使用相应的曲面才能满足。

曲面的设计和制造比平面复杂得多，这在过去曾限制了曲面造型的实现。现代科学技术水平的发展，特别是计算机辅助设计和计算机辅助制造手段的运用已解决了昔日的很多难题。

曲面可以看成是由动线在空间按一定规律连续移动而成，如图 2-29 所示。动线 L 被称为母线，控制母线运动的线或面称为导线或导面。母线在曲面上的每一位置 L_1，L_2，L_3，…称为曲线的素线。母线可以是直线也可以是曲线，母线在移动过程中可以固定不变，也可以连续变化。

应当说明的是，同一曲面可以有着不同的形成方式。如图 2-30 所示圆锥面，可以被看作是由一根直母线 L 绕与其成定角度的 O—O 轴线旋转而成的，也可以被看作是一个直径呈线性变化的圆母线 M 沿过其圆心且与它所在面垂直的直线 O—O 转动而成的。在设计和制造曲面时应从各种形成方式中选取最简便的一种。

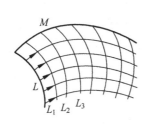

图 2-29　曲面的形成　　　　　图 2-30　圆锥面的形成

造型设计中常用的曲面有回转面、直纹曲面、圆纹曲面、螺旋面和复杂曲面等。

（1）回转面

若令某一曲线或直线作为母线绕一轴线旋转，所得的曲面称为回转面。母线上的每一点在旋转时都形成一个圆，称为纬圆。通过轴线的平面与曲面的交线称作经线。

回转面给人的感觉是对称、周正、规律性强、严格、流畅、圆润。由于形成规律简单，回转面是曲面中较易于制造的。

不同形状的母线，与轴线的相对位置不同，旋转后所得到的回转面的形状就不同。常用的回转面有以下几种。

① 圆柱面：由直线母线绕与其平行的轴线旋转而成。

② 圆锥面：由直线母线绕与其相交的轴线旋转而成。

③ 球面：由一圆母线绕其本身的一条直径旋转而成。球面，通常指圆球面，若由椭圆作母线绕其本身长轴或短轴旋转而成时则称为椭球面。

④ 环面：以圆为母线，绕与其共面但不通过其圆心的轴线旋转而成的曲面称为圆环面。若改变母线形状，以同样方式旋转可形成不同形态的环面。

⑤ 单叶回转双曲面：以直线作母线绕与它交叉的轴线旋转而成。它的经线是双曲线，所以它是一种由直母线形成但轮廓呈双曲线的曲面。这使得它既制造简单又有曲线轮廓美。在同一个单叶回转面上，有两组不同指向而倾斜度相同的直线素线。若在表面上把这些素线作出，或由这些密集的素线排成单叶回转双曲面，则给人一种扭动和旋转、集中与发散的动态美感，宛如旋舞少女的裙裾，见图 2-31。此种曲面在火力发电厂的散热冷却塔上经常采用，施工简单又节省材料。

⑥ 其他回转面：根据造型物所需的物理性能和外观要求，可以改变母线形状及母线与轴线的相对位置而构造出千姿百态的回转面，如由抛物线绕自身对称轴旋转而成的回转抛物面等。

（2）直纹曲面

当一直母线在空间按一定规则运动时，所形成的曲面叫作直纹曲面。

由于直纹曲面母线是直线，导线却可以变化多端，所以直纹曲面富于变化，曲中有直，柔中有刚。由于各素线均为直线，所以直纹曲面制造加工上比较容易，也正是因为各素线为直线，在光线照射下曲面易形成"亮线"而显得华丽，富有光彩。

图 2-31　单叶回转双曲面

直纹曲面可以分为可展直纹曲面与不可展直纹曲面两类。所谓"可展"是指该曲面可以被平铺在一个平面上而不发生任何皱褶或破裂。从几何性质上看，只要直纹曲面上两条无限接近的相邻素线是相互平行或相交的，这种直纹曲面就是可展的，否则就是不可展的。

① 可展直纹曲面。常用的可展直纹曲面有以下两种（图 2-32）。

a. 锥面：一条直线 M（母线）沿一曲线 AB（导线）运动，运动中 M 始终通过定点 S，所形成的曲面称为锥面。导线 AB 可以是平面曲线，也可以是空间曲线；可以是封闭的，也可以是不封闭的。由于每条素线都通过 S 点，这种曲面富有放射性的空间感。

b. 柱面：一直母线 M 沿一曲导线 AB 运动，运动中 M 始终平行于另一直线 L，则所形成的曲面称为柱面。

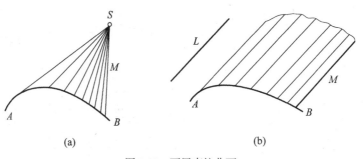

(a)　　　　　　　　　(b)

图 2-32　可展直纹曲面
（a）锥面；（b）柱面

② 不可展直纹面。不可展直纹面常用的有以下三种。

a. 柱状面：如图 2-33 所示，一直线 M 沿两条曲线导线 AB，CD 滑动，并始终保持 M 与一平面 P（导面）平行，这样形成的曲面称为柱状面。

b. 锥状面：如图 2-34 所示，如果将柱状面的两条曲线导线之一换成直线，所得曲面叫做锥状面。

c. 扭面：如图 2-35 所示，直线母线 M 沿着两条交叉直线 AB 和 CD 滑动，并保持 M 始终与一平面 P（导面）平行，这样形成的面称为扭面。因为扭面与某一平面相交时，所得交线除了在特殊情况下是直线外，一般情况下都是双曲线或抛物线，所以这种曲面也称为双曲抛物面。

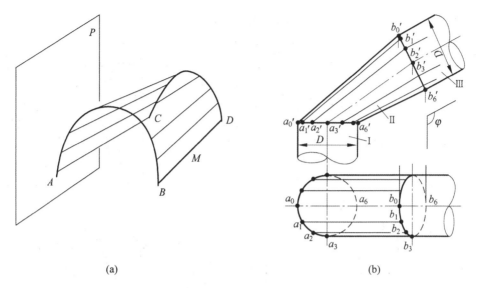

(a)

(b)

图 2-33　柱状面的形成及应用
（a）柱状面的形成；（b）管道接头的柱状面

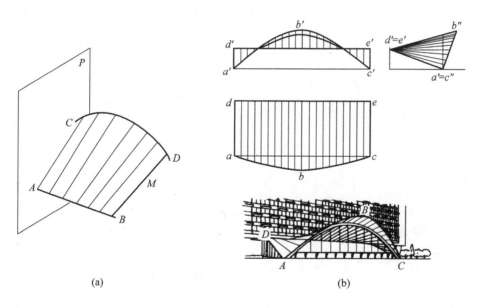

(a)

(b)

图 2-34　锥状面及应用
（a）锥状面的形成；（b）锥状面薄壳屋面

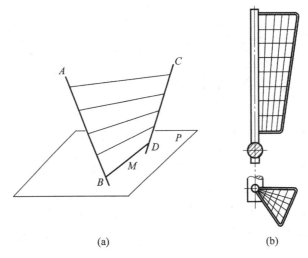

图 2-35　扭面及应用
（a）扭面的形成；（b）风车叶子上的扭面

（3）圆纹曲面

圆纹曲面是指由圆或圆弧作母线运动而形成的曲面。作为母线的圆或圆弧，其半径在运动中可以不变，也可以连续有规律性地变化。

图 2-36（a）所示圆纹曲面，其母线为圆，圆心沿曲导线 O_1—O_5 运动，运动时圆的半径不断变化，但始终与水平面平行。

图 2-36（b）所示的圆纹曲面，其母线圆圆心沿曲导线 O_1—O_4 移动时，母线圆所在平面始终与导线垂直，这种曲面被称为管状面。

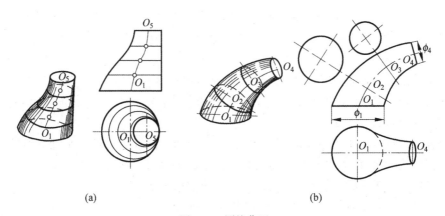

(a)　　　　　　　　　　　(b)

图 2-36　圆纹曲面

图 2-37 为管状面的应用实例——离心式水泵的泵体曲面。它的法截面是由半径逐渐变化的圆弧曲线组成的。

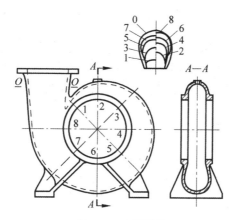

图 2-37　水泵泵体

（4）复杂曲面

复杂曲面的特点是它的形成无明显的几何规律，不可能用一个单一的数学函数式确切地描述或表达整张曲面。在造型设计中常常要用到复杂曲面，如船舶表面、汽车车身、飞机外壳、流线形外罩、汽轮机叶片等。

在设计构造复杂曲面时常用的方法是图解法和计算机辅助几何设计法（computer aided geometrical design，CAGD）。

人们在曲面设计实践中创造了许多种图解设计法，其中用得较广泛的是拓扑变换法。

拓扑变换法的基本原理是将一个几何图形经过弯曲、拉伸、压缩、扭转变换成另一个几何图形，但不产生破裂或粘结。例如，用中心投影法把一个由直素线组成的扭面 ABCD 投射到一个曲面上，得到一个由曲素线组成的曲纹面 abcd（图 2-38），这就是一种拓扑变换。在这种情况下，可以把所得到的曲纹面看成是由扭面经过拉伸、弯曲、扭转变换而成的。该扭面称为"原始曲面"，所得到的曲纹面称为"派生曲面"。"派生曲面"上的每一点与"原始曲面"上的相应点构成一对一的对应关系。

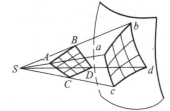

图 2-38　拓扑变换

在实际设计复杂曲面时，常常是反过来利用拓扑变换，把要设计的曲纹面线变换成直纹面去设计，从而使复杂曲面的设计绘制问题得以简化。在 20 世纪 60 年代初设计小轿车车身曲面时就成功地使用了这种方法。

图解法设计复杂曲面的缺点是工作量大，效率低，精度低。近年来计算机辅助几何设计得到了迅速发展，在各种复杂曲面的设计中起到越来越重要的作用。再加上计算机辅助制造技术的发展，已为复杂曲面在造型上的使用创造了良好的条件。

下面简要介绍如何用 CAGD 法构造曲面。

曲面可以由该曲面上的若干点（点集）或若干条线（线集）给出，我们把确定曲面的点集或线集称为曲面的骨架。前面讲的由母线连续运动所形成的曲面当然也可以称为骨架曲面，但那些是连续骨架曲面。在造型设计的实际问题中，复杂曲面往往只是由实际测量或计算设计给出的空间有限的离散点或由有限的截面曲线所限定，这样就形成了离散骨架，是不连续的。

设属于曲面上的一批离散点 $P_{ij}(x_{ij}, y_{ij}, z_{ij})$ 为已知，其中，$i=1, 2, \cdots, m$; $j=1, 2, \cdots, n$。曲面的一些控制条件如关键点的切矢、扭矢也已知。我们使用曲面的参数表示法。曲面上的每一点坐标都可以表示成双参数 u 和 w 的函数。这里 u 和 w 是定义在区域 D 上的双函数。

参数方程为

$$\begin{cases} X = x(u, w) \\ Y = y(u, w) \qquad (u, w) \in D \\ Z = z(u, w) \end{cases}$$

也可以用矢函数表示：

$$P = P(u, w) = [x(u, w), y(u, w), z(u, w)] \quad (u, w) \in D$$

先对这些离散点作单参数曲线拟合，得到两个方向上的骨架线，如图 2-39 所示，u 方向的为 A 族骨架线（a_1, a_2, $\cdots$, a_i, a_{i+1}, $\cdots$, a_m）；w 方向的为 B 族骨架线（b_1, b_2, $\cdots$, b_j, b_{j+1}, $\cdots$, b_n）。这些骨架线形成网络，将曲面分成若干"曲面片"。

对于每一块曲面片来说，四条边界曲线和边界曲线的端点条件均为已知。令 u 与 w 在某一区域连续变化（一般常设这个区域是单位正方形 [0，1][0，1]），进行插值运算，得到曲面上足够多的点的坐标和加密的、连续的光滑曲线。

各曲面片之间保证光滑连接的要求，即可构造出整张曲面，且达到足够的精度。

构造复杂曲面常用的方法有孔斯（Coons）曲面法、贝塞尔（Bézier）曲面法和 B 样条曲面法。

用骨架法构造曲面是一种在设计曲面和制造曲面时广泛应用的方法。对复杂曲面可以用，对简单一些的曲面也可以用。

如图 2-40 所示为用一组水平截面曲线——骨架来制造曲面木模的方法。

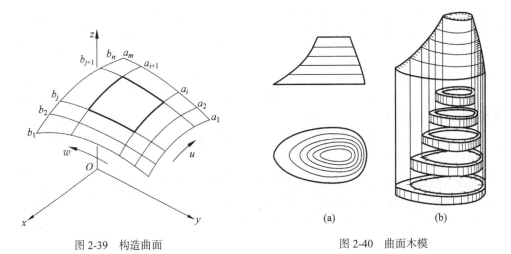

图 2-39 构造曲面 　　　图 2-40 曲面木模

在设计出该曲面的一组水平截面曲线后，把这一组截面曲线中相邻的两条画在同一块厚度适当的木板上，形成内、外两环曲线。先按外环曲线作出各板外轮廓，再按照"下一层板的内环曲线与上一层板的外轮廓对齐"的方式将各板固定在一起，胶合，再把表面修光即得所需曲面的模型。

如图 2-41 所示为用两个相互垂直的截面——骨架来确定曲面。不难看出，只要在骨架上"蒙皮"，即可得到所需连续光滑的曲面。这种方法在飞机和船舶制造中一直使用。

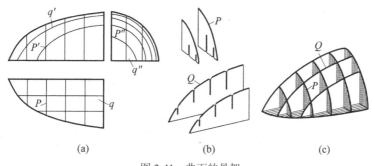

(a)   (b)   (c)

图 2-41 曲面的骨架

4. 体

体是由面围成的。从几何角度说，体是封闭的，但从实际的造型设计考虑，某些由面围成的不封闭的空间，在视觉上也起到体的作用，在设计时也可以作为体来考虑。

完全由平面围成的立体称为平面立体。如棱柱和棱锥就是两种最基本的平面立体，其他复杂的平面立体都可以分解为棱柱和棱锥。

完全由曲面围成，或基本上由曲面围成，曲面起主要作用的立体称为曲面体。在造型设计中，最常用的基本曲面体有圆柱、圆锥、球和圆环等。

在很多立体上平面、曲面都有，作用难分主次，可以看成综合型立体。

体是通过其表面和外界接触的，是通过其表面让人们感知它的。体的视觉效果、体的个性与形成该体的面的个性相同或相似。平面立体有平面表面及直线棱边，有明显而突出的顶点和尖角，所以它也有这些要素所具有的规整、简洁、明确、有力、突出的视觉效果。而在曲面立体中，曲表面起主要作用，使立体体现出曲线、曲面所具有的光滑、流畅、柔和、丰满、动感和富于变化的特性。

由于立体往往由多种面构成，各面及这些面的交线特性不一，方向不同，我们从不同角度观察统一立体时会有不同的视觉效果。

体由面围成，虽然各面的特性均可在体上得到反映，但体与面的根本区别就在于它是三维的，具有体积属性。

造型物从其几何形成分析可以分为点、线、面、体，依次构成，但作为实际造型物，给人的视觉效果总是综合出现的。

2.2　形　象　设　计

在造型设计中形象是指平面图形或实体物体在人视觉中的形态和相貌。任何造型物都有它自己特有的形态和相貌。当人观察它们时，可以使人有某种联想，引起人们的感情活动。虽然物体也可能通过非视觉令人们感知它们，但视觉形象要比非视觉形象感知多得多，而且视觉感知敏锐、全面，能辨别微妙的差异。因此，在产品造型设计中，我们强调形象设计，也就是注重产品的"视觉效果"。

形象可以分为具体形象和抽象形象两大类。

具体形象是客观世界各个具体事物的形象，其个性突出，有明显特征，在人的视觉经验中可辨认性强，如具体的房屋、家具、仪器、仪表、书本等。抽象形象是从许多事物中舍弃个别的、非本质的属性，抽出共同的、本质的属性，是一种理论上的几何形象。它重在反映具体形象所共有的本质规律特点，突出共性。建筑物、家具、仪器、仪表、书本都可以立方体为基本形体来造型。立方体就是抽象形象，它反映了那些具体形象的共同特点。一方面，研究抽象形象对构造具体形象有指导意义。另一方面，人类对自然具体形象不满足时，可以依靠理论和经验来创造抽象理想形象得到满足。

下面讨论形象设计的两个问题：轮廓形象设计和平面图形的构图设计。

1. 轮廓形象设计

轮廓形象设计可以是设计平面型的轮廓，也可以是设计立体型的轮廓。当我们从某一个方向观察立体型时，它的轮廓具有和平面型相同或相似的属性。如一个圆柱体，当我们沿其轴线观察它时，它具有圆的属性；当我们从与其轴线垂直的方向观察它时，它具有矩形（或正方形）的属性。一个圆锥，当我们沿与其轴线垂直方向观察它时，给我们的感觉是"三角形轮廓"。所以我们下面主要讨论平面型的轮廓形象设计，但这些原则都是可以包括并运用到立体型的设计中的。只不过要注意两个问题：一个是在立体型的轮廓形象中，轮廓边界线有时实际上是由若干个面积组合而成的；另一个问题是对立体型来说，由于其表面特性不同，它的轮廓形象给人的感觉和同样轮廓形象的平面型还是有差异的。比如圆锥，虽然具有三角形轮廓，但由于它的曲面（锥面）的反光效果，使我们观察它时还是和观察平面三角形时感觉不一样。

1）直线边界轮廓形象

直线边界轮廓形象因为边界都是直线，给人以刚劲、规整、有力、简洁的感觉。常用的有以下几种。

（1）正方形

正方形四边长度相等，四角均呈直角，给人以形态规整、端正大方、严肃明确、静止的感觉。但由于四边四角相等，也有缺乏变化、单调呆板之感。

（2）长方形

长方形又称矩形，其四角均为直角，长短边之比可按需要取不同的比例，如取整数比、黄金比、均方根比等。当长短边长度之比过大时，则给人以线的感觉。

长方形虽四角相等，均为直角，但邻边已不相等，所以在端正、稳定中显得有变化，在庄严中又显得比正方形活泼。长方形长短边位置不同时形象亦显不同。

长方形长边水平放置显得稳定，长边竖直放置显得挺拔、高耸，若长方形倾斜放置则给人以不安定、倾倒之感。此三种情况可以从图 2-42 中体会。

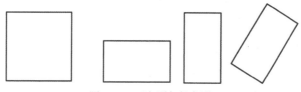

图 2-42　正方形与长方形

由于长方形的规整又灵活的特性，使得长方形在造型设计中应用较为广泛。

（3）梯形

梯形上、下两底边相互平行而其两腰可呈现为各种不同角度和方向的倾斜，具有倾斜直线的特性，其视觉效果灵活多变，形成多种风格的不同形象。不同的梯形视觉效果不同。如图 2-43 所示（a）为正等腰梯形，上底短下底长，显得端庄稳定；（b）为倒等腰梯形，显得轻巧；（c）为直角梯形，显得稳定有力；（d）为双斜梯形，有动势。

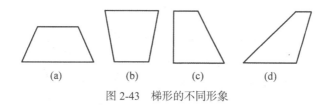

（a）　　　　（b）　　　　（c）　　　　（d）

图 2-43　梯形的不同形象

由于梯形具有上述的不同视觉效果，在造型设计中被广泛应用于各种场合。除去从形象考虑外，梯形被广泛采用的另一个原因是它的形状正好符合某些物理性能的要求，如根部截面大、受力状态好、面积中心可以调整等。

图 2-44 是正在加工零件的机器人，机器人的底部是链传动行走，该部件整体为梯形结构，行走由遥控器操作，可以前进、后退、转弯等，灵活自如，动力来源于电能。

图 2-44　机器人在加工零件

（4）三角形

三角形的形象随其三边长度的改变而变化。但不论怎样变化，至少有两个内角呈锐角，对人们的心理有刺激作用。图 2-45 中，图（a）为等腰三角形，显得稳定，有进取攀登之势，有尖锐之感。顶角越小（高与底之比越大）则刺激感越强。图（b）为等边三角形，三角、三边相等，形态均衡，稳定，仍有刺激感但不大，形象端正但略显呆板。图（c）的三角形高与底比例不当，三角形过于低宽，平坦，缺乏活力，但稳定性好。图（d）为不对称三角形，有向尖角方向高速运动之势态。高速飞机的机翼大多采用此种形状。

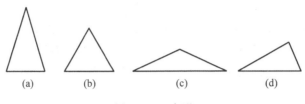

（a）　　　　（b）　　　　（c）　　　　（d）

图 2-45　三角形

图 2-46 是第二次世界大战时，美国帮助中国抗日所用的战斗机。这是一个战斗机群，号称"飞虎队"，队员是以美国退休飞行教官陈纳德为首的美国志愿者。他们立志要消灭日本的飞机群。飞虎队的队员不但想方设法在中国云南及缅甸要与日本飞机决一死战，而且还要与日本飞行员斗智斗勇，打心理战。他们想到大海之王是鲨鱼，就在飞机头部画上鲨鱼头，用以吓唬日本人。鲨鱼残酷无情的大嘴和恐怖锐利的尖牙在空战中让日军吓破了胆。飞虎队队员英勇善战，击落了日本很多战机，立下了抗日战争中不可磨灭的战绩，轰动了全世界。

图 2-46　"二战"时美国飞虎队的战机

（5）其他直线边界轮廓形象

造型设计中还常使用其他的直线边界轮廓形象如菱形、凸或凹的多边形等，特别在平面构形设计中这类形象常被采用。其中，凸形显得饱满，凹形醒目而有一定的刺激性，如图 2-47 所示。

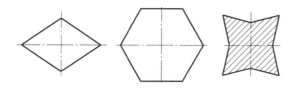

图 2-47　直线边界轮廓形象

2）曲线边界轮廓形象

（1）圆

圆具有周边上各点距中心等距、处处曲率相同、半径不变的几何特性，易于加工制造。这些特性决定了人们为了保证产品的使用功能而必须在很多产品上使用圆来进行造型设计。在视觉效果上圆有极好的对称感和平衡稳定感，有饱满、充实、完美、光滑、封闭统一的感觉，还可以使人感到有周而复始地做旋转运动的动感。

（2）椭圆

椭圆是圆的一种派生形式，随长短轴比例不同而呈现不同形象。椭圆给人以光滑、柔和、流畅和秀丽的感觉。在视觉效果上比圆要显得活泼和灵巧。

（3）其他曲线形轮廓形象

其他曲线形轮廓可以用各种单一的或组合的曲线，它们都具有各种曲面的特性，也都有圆润、流畅、具有动势的视觉效果。

如图 2-48 所示为机器人，形体为曲面类造型、浅灰色、表面材质为非金属，整体造型流畅，可放在银行、家庭的桌面上，你可以向他咨询、谈话，还可以听歌曲、音乐等，造型有趣、稳定安全。

图 2-48　机器人

3）轮廓形象的变态

当某些轮廓形象不理想时，可以对它进行变态，改造成为另一种形象。例如，直线边界轮廓图形的缺点是容易使人感到生硬、呆板，如果在原始图形的基础上进行变态设计，将直线边界轮廓改为某种曲线，则会变得柔和、秀丽。图 2-50（a）是将图 2-49（a）的三角形的三条边以三条弧线来代替，形成"圆弧边三角形"，使原来三角形顶点突出、尖锐、有刺激性的个性得到了改善。变态后的图形既有正三角形的均衡、稳定之感，又有曲线边界轮廓形的圆润、饱满之意。很多杆件截面和图案设计都采用这种形状。图 2-50 中的（b）和（c）也是采用同样手法使图 2-49（b）和（c）所示的正方形和正五边形变态而得到的不同形象。

（a）　　　　　　　（b）　　　　　　　（c）

图 2-49　原始直线边界轮廓图形

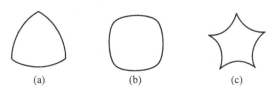

（a）　　　　　　（b）　　　　　　（c）

图 2-50　原始直线边界轮廓图形的变态

2. 平面图形的构图设计

平面图形构图设计常在面板设计、包装设计、装帧设计和标志设计、广告设计及展示设计中涉及。

在进行平面图形构图设计时，主要考虑以下一些基本问题。

1）正形与负形

大多数的平面图形可以明显地分为主体形象和背景两部分。主体形象是设计者要表达的主要对象，它应给人以深刻的印象和明确的意义，主体形象是我们进行构图设计的核心内容，背景是为主体形象服务的，有时我们根本不必去考虑它。例如，我们在一张白纸上画图，只要把图画好自然就形成了"白底黑图"；有时我们为了增强表现力，使主体形象更加完美，也要花一定精力来设计色彩背景。

当主体形象彩度高，背景彩度低，或主体形象明度低，背景明度高时，图形称为正形，反之称为负形。正形主体形象突出、明确、醒目；负形有进退感、含蓄。在实际平面图形构图设计中，有时采用正形，有时采用负形。但总的来说，采用正形的设计较多，所以，当偶尔采用负形时往往给人以新奇、别致的感觉。有时采用正形、负形同时存在的手法，二者相辅相成，构成一个统一的艺术形象。在图 2-51 中，从总体看来是一个正形——太阳及其光芒、海水、儿童都是利用正形手法来表达的。但儿童的腰带、手臂的轮廓、帽子的边沿等却是采用负形的手法。

如图 2-52 所示的双鹿商标的设计，总体形象以负形为主，但二鹿的形象设计巧妙：一鹿纯为负形，另一鹿在负形造成的鹿形衬底上又采用正形形象，使二鹿有大有小，有前有后，有进有退，有主有次。

图 2-53 也是正、负形相结合构图的实例，鸟的左半身为正形，右半身为负形，使图形显现出别致、富于变化的特点。

图 2-51　正形与负形（一）　　图 2-52　正形与负形（二）　　图 2-53　正形与负形（三）

在某些场合，平面图形难以分出主体形象和背景（如某些纺织品、装饰纸、装饰布的图案），这时也就无从判定该图形是正形还是负形了。这样的图形是一种图案，这种图形主体形象不明显，没有具体明确的意义，只是整体给人以某种抽象的美感，表达抽象的情感。如图 2-54 各图所示。

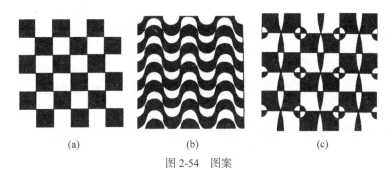

(a)   (b)   (c)

图 2-54　图案

2）形象的组合方式

在平面图形的设计中，往往要将一些最基本的几何图形单元如三角形、矩形、圆形、菱形等组合起来构成更有表现力的艺术形象。常用的组合方式有以下几种，如图 2-55 所示。

① 分离形式：两个以上基本图形互不接触，当它们有大有小时给人有近有远的感觉（图 2-55（a））。

② 接触形式：两个以上基本图形的边缘相互接触，可以是点接触，也可以是线接触，但没有面积上的共有部分，各基本形均为完整的（图 2-55（b））。

③ 重叠形式：一个基本图形局部地重叠覆盖在另一个之上，被覆盖者表现为缺损。若两个基本图形有色相、彩度和明度上的区别，则被覆盖者只要表现出应有的缺损即可；若两个基本图形没有色相、彩度和明度上的区别，则还要在覆盖者和被覆盖者之间留出底色分界线，以显示覆盖者的完整性（图 2-55（c））。

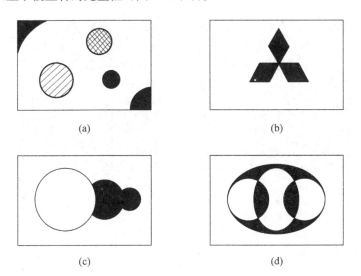

(a)   (b)

(c)   (d)

图 2-55　形象的组合形式

用重叠形式组合的平面图形可以有明显的进退感。

④ 透叠形式：两个重叠的基本图形，在重叠的部分做成背景底色，视觉效果有透明感，如图 2-55（d）所示。

3）形象的排列

在进行图案类平面图形设计时，常常采用一些形状、大小完全相同的基本图形（或叫作基本单元）按某种规律在某种框架上排列而成。这种形象排列的框架称为骨格。骨格决定了基本单元的排列规律。常用的有以下一些骨格。

（1）重复性骨格

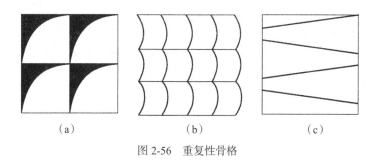

（a）　　　　　　　　（b）　　　　　　　　（c）

图 2-56　重复性骨格

此种骨格特点是框架形状、大小相同，连续排列。放入基本图形后所构成的形象规整、严谨、统一。重复性骨格的缺点是缺少变化，改善的办法是对基本单元做有规律的变化，如基本单元大小、形状不变，色彩和方向做变化。图 2-56 的三个图案均采用重复性骨格，但图 2-56（c）沿竖直方向观察，是基本图形的简单重复排列；沿水平方向观察，相邻二基本图形做了翻转变化。这样的处理使图案在统一中（重复中）有变化，改善了形象。图 2-56（b）是重复性骨格，其垂直方向富有高度感，故总的视觉效果富有立体感。

（2）渐变骨格

若骨格的大小、形状或方向呈规律渐变，则置于骨格内的基本形也势必做相应渐变。此种骨格可以使平面图形有立体感、进退感和动感。渐变可以是单向的（图 2-57（a）），亦可为双向的（图 2-57（b））。

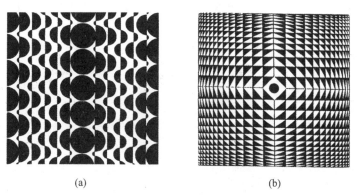

（a）　　　　　　　　　　　　　　（b）

图 2-57　渐变骨格

（3）发射性骨格（图2-58）

（a）

（b）

图 2-58　发射性骨格

　　发射性骨格指基本形围绕一个中心，向外扩张或者向里收缩。发射是渐变的一种特殊形式，容易造成视觉中心。其视觉效果有如太阳的光芒、怒放的花朵。

　　发射性骨格可以再细分为离心式、向心式和同心式。

　　① 离心式：骨格线从中心或中心附近散发，如图2-59所示。

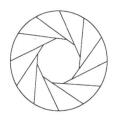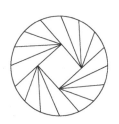

图 2-59　离心式骨格

　　② 向心式：骨格线从四周向一个中心或中心附近逼近，如图2-60所示。

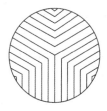

图 2-60　向心式骨格

　　③ 同心式：骨格线层层包围并形成一个中心，如图2-61所示。

图 2-61　同心式骨格

（4）特异

特异是在重复性或渐变性骨格的有规律的排列中有意构成一个或少量几个无规律的排列，形成对规律排列的突破，以造成视觉中心。其视觉效果有如平静的湖面上投入一粒石子，又如群星中的一轮明月。特异的目的在于制造视觉中心，所以不能过多。

造成特异可以使用大小、形状、方向、色彩等各种变异手法。图 2-62 给出了两个特异实例。这种设计手法常用于广告、展示设计中，以引人注目。

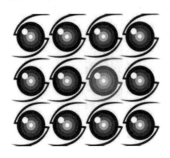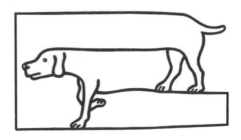

图 2-62　特异

2.3　立 体 构 成

1. 立体型的构成方法

我们已经讨论过，无论工业产品的形态怎样复杂多变，它们的构成却有一个共同规律，即都是由一些基本几何要素以一定方式组合而成的。在 2.1 节中我们介绍了基本几何要素，此处介绍常用形体的构型方法。

1）叠加组合法

叠加组合法又可以再细分为简单叠加法和嵌贯叠加法。

（1）简单叠加法

将若干基本几何体像堆积木似的，按某种方式叠加在一起构成复杂形体，这就是简单叠加法。

如图 2-63 和图 2-64 所示为简单叠加法的构型实例。

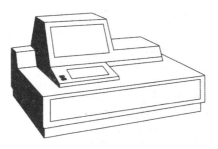

图 2-63　叠加法造型　　　　　　　　　图 2-64　相机

简单叠加法思路原则，方法简单，在构型时按产品功能、结构要求、美学法则逐个依次添加基本几何体即可，是最常用的构型方法。

在简单叠加法中各形体间的表面关系可以是平齐的、不平齐的或平面与曲面相切的。

在叠加时灵活地选用不同基本几何体，改变各几何体的体量关系和相互位置，可以使造型物形象发生变化，取得不同的视觉效果。如图2-65所示，一台仪器的主形体为一棱柱。左下图把这一棱柱看成是两个棱柱的叠加；右下图把上部棱柱分成两块并改变体量大小，同时使这两块前部的斜面进行平行移动，造成凸凹，然后在下部再添加一薄板四棱柱。这样改动则产生了层次，形成凸凹变化，增添了转折，改善了外观形象，更富于变化。

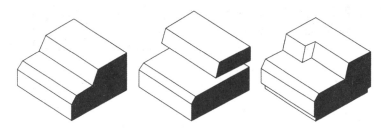

图 2-65　形体的分析

（2）嵌贯叠加法

对一些产品的造型设计可以根据功能的要求和艺术效果的需要不采用简单叠加法，而采用使各基本几何体互相嵌入、贯穿的方法组合到一起，这就是嵌贯叠加法。嵌贯法常常会产生各形体间的表面交线或相贯线，给人以基本形体数目少、互相结合紧密、表面形象变化丰富的视觉效果。

如图2-66所示为数码相机。根据其光路要求，其基本形体可分解为两个部分，即一个长方体、一个圆柱体，它们之间的连接用圆弧过渡，机壳用抛光亮的银灰色镁合金制成，造型圆润、轻巧、简洁、美观大方。

图 2-66　数码相机

如图2-67所示为摇臂钻床的原始几何模型。可以看出，立柱贯穿在摇臂中，主轴箱贯穿在摇臂上，主轴贯穿在主轴箱中。这种贯穿式结构很好地满足了摇臂沿立柱上下滑动并绕其转动、主轴箱沿摇臂滑动、主轴在主轴箱中上下伸缩移动的各种运动要求，并使结构紧凑；立柱固定在地板上，整台钻床的重心落在底板的重心范围之内，稳定性很好。

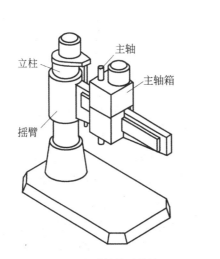

图 2-67 摇臂钻构型设计

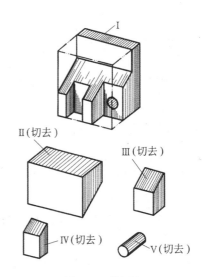

图 2-68 挖切法

2）挖切法

挖切法构型的思路是在一个基本几何体上挖去或截切掉一部分而形成新的形体。在挖切过程中会出现层次的变化、棱角的突出或削弱以及相贯线和截交线的产生。这些都可以使形体在形象上产生变化，且满足功能上的要求。如图 2-68 所示为用挖切法构成一个零件的过程。如图 2-69 所示激光提升镜座是由圆柱被平面截切而形成的。这种构成方式既满足功能要求——产生斜面用来固定棱镜，又使此零件在形象上显得简练而富于变化，椭圆截交线的出现使得该零件造型别致、轻巧、有科学美感。从制造工艺方面来讲也是很好的造型设计。

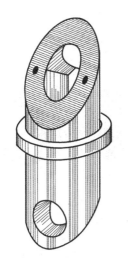

图 2-69 激光提升镜座图

图 2-70 挖切法构造仪器

图 2-70 所示的仪器主体是用挖切法构成的。它是在一个横放的四棱柱上挖去一个小的四棱柱而成的。从功能上讲，在挖出的空间正好放置屏幕和键盘并提供操作空间；从形象上讲，仪器外形整体感强、简洁，又有平凹变化。

2. 立体设计中几个问题的处理

（1）面、体间的过渡

造型物各面之间，或各部分形体之间的过渡可以采用直接过渡和间接过渡两种方法。

① 直接过渡法：由一个面到另一个面，或由一个形体到另一个形体之间直接转换，不用经过第三个面或形体过渡，这就是直接过渡法。直接过渡法转换明显、轮廓清晰、线角尖锐，但有时给人以突然、生硬、比例失调之感。图 2-71 是几个直接过渡的例子：（a）顶部的水平面和侧面直接过渡，产生明确的棱线和尖锐的直角；（b）竖直矩形块和水平矩形块直接连接，形成直接过渡，尺寸突变，轮廓突变；（c）圆柱与四方块直接过渡，形状、尺寸、轮廓突然变化。

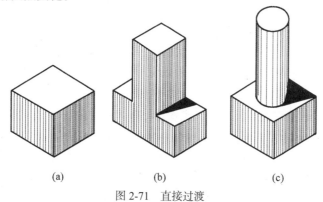

(a)　　　　　(b)　　　　　(c)

图 2-71　直接过渡

② 间接过渡法：若在两面或两形体间转换时使用第三个面或形体作为中间转换部分，则称为间接过渡。间接过渡显得协调、自然、柔和、平缓。如图 2-72 所示为将图 2-71 直接过渡转换为间接过渡的情况：（a）顶部水平面和侧面用凸圆角（圆柱面）过渡，使人感到柔和，当圆角半径较小时还可做到轮廓清晰、明确，若半径过大则轮廓不明确，显得无力；（b）竖直矩形块和水平矩形块用梯形和中间矩形块形成渐变的间接过渡；（c）圆柱和四方块之间用"天圆地方"变形接头作间接过渡，形状和体量上都形成渐变。

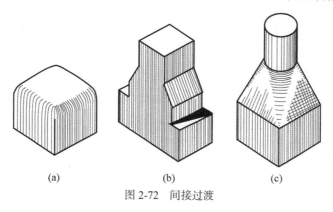

(a)　　　　　(b)　　　　　(c)

图 2-72　间接过渡

（2）立体构成中的整体感、单纯化和主形体突出

工业造型设计的特点与风格随着时代的发展进步、地区和民族的不同而有所差异，产品造型也随着产品的使用功能和加工方法的不同以及生产方式的变化而不同。概括起来有两种风格，一种简单朴素，一种复杂华丽。在造型设计时必须处理好这两方面的关系。过于简单使人觉得单调、呆板、简陋、工业水平低；过于复杂华丽又令人感到烦琐杂乱、形象模糊。所以，应尽量使产品造型简单、秀丽、规整、清晰，并非越复杂越好。

在人类社会发展初期，生产力水平较低，所用器物的造型都是较为简陋、粗糙、原始的。随着手工业生产水平的不断提高，能工巧匠的出现，精美细致、轻巧华丽的各种造型物不断涌现。现代工业造型设计应符合时代要求，适应现代高、精、尖工业大生产的特点。其造型特点是简洁、精练、明快，主形体印象深刻，富于变化。在造型设计中特别注意整体感、单纯化和主形体突出。

① 整体感。所谓整体感是指产品在外观上呈现为少量的"块状体"，而不是呈现为支离破碎的杂乱形态，在设计中不让过多的零部件和结构暴露凸出于整机表面而造成松散、杂乱之感。应使分散的次要部分适当集中、合并在较规整的范围内，再适当使用分割、装饰、色块、遮挡、隐藏等手法，把造型物分成明显的"块""区"，给人以"整体感"。在现代的切削机床中，不同轴上的机械式变速拨叉大都被巧妙地利用凸轮、连杆、间歇机构集中由一个手柄集中控制，或用电控、液控机构代替，使变速箱减少伸出物，增加整体感。大量使用新技术可以实现"整体感"。例如，在设计操纵、控制按钮时，旋钮式比摇杆式规整，按钮式、琴键式又优于旋钮式，现代化的开关则完全没有元件突出于平整的操控板上，如声控开关、光控开关等。

② 单纯化。所谓单纯化主要指在构型时所使用的基本几何体和线型的种类、风格不宜过多。单纯化可以使形象明确，风格突出，人们在观察时就容易发现特点，易于理解和记忆，造成深刻印象。单纯化构型方法的另一优点是它适合于现代化的大规模、高速度、高质量的大生产方式，因而具有较好的经济性，如机械手臂。

③ 主形体突出。在进行造型设计时一定要突出主体形体。突出主形体可采用加强特征部分、减弱非特征部分的方法。例如，在处理各"块"之间的比例关系时，造成明显的大小不同，给人以不同量感而分出主次。用形体的对比衬托也可以做到主形体突出，如用直线衬托曲线、简单衬托复杂、静态形体衬托动态形体等。利用色彩的性格，不同色相、明度、纯度所形成的区别也可以做到区分主次，造成重点突出。材质的不同处理同样可以造成主次的区别，普通材质与高级材质的反差、材质表面粗糙度的差异都可以形成重点与非重点，以便突出主要部分。除此以外，我们还可以利用制造工艺上的差别，利用分割装饰等手法形成视觉重点，突出主形体。

（3）确保产品功能与经济性

① 确保产品功能。工业产品不同于艺术品，任何工业产品必有它的某种功能要求。在造型设计时不能单纯片面地强调艺术效果。任何产品的艺术造型设计都应当首先保证满足功能要求，满足使用的科学性、宜人性和环境适应性等。产品造型设计的艺术美只能在保证功能的前提下去考虑，我们力求二者的统一，但有矛盾时必须优先保证主要功能的实现。例如，汽车的功能是运输，对汽车最基本的要求是速度快、装载方便、操纵性好、安全可靠、整体性好，在此基础上才是整体美观。没有前边基本要求的实现，后边的造型美

便没有任何意义。

② 工业产品造型设计时必须考虑制造的工艺性和经济性。构型时采用的形状、结构要便于实现，便于制造、装配、修理，并应具有最好的竞争力。任何时候都应记住工业产品造型设计的三个基本原则——实用、经济和美观。工业产品类型很多，设计时有些是由内而外，有的是由外而内，应具体问题具体分析。

2.4 肌 理

在工业造型设计中，肌理是指材质表面的纹理和组织状态。

不同材质的肌理不同，如木材、石料、皮革、纤维织物、塑料和金属的肌理都是不同的。相同的材质，用不同的方法加工处理，肌理也不同。例如同一种金属材料，使用铸造、锻造、切削加工、喷砂、电镀等不同加工方法处理后，其表面肌理也不同。即使是相同粗糙度的切削加工表面，由于加工方法的不同（车、铣、刨、磨等），肌理也会不同。

当造型物的形状、色彩相同而只是肌理不同时，也会使人的观感不同，粗糙无光的表面使人感到沉重、含蓄、朴实、稳定；细腻光亮的表面给人以轻快、柔和、华丽、高贵的感觉。

肌理的视觉效果是靠大量的微细造型物的群体宏观作用而得到的。仔细地观察物体表面组织和纹理会发现，它们都是由大量的点、线、面、立体整齐规律地排列或随机排列而成的。例如，砂型铸造器件的表面是一个个点状突起并随机排列而成的；车削加工件表面肌理是由一条螺旋线盘绕在表面而成的极细密条纹；刨削加工的表面则是一条条平行的直线纹理；某些橡胶制品为增大摩擦力，表面做成一个个排列整齐的小圆柱（如乒乓球拍的胶皮）或线形花纹。

肌理的形态特征是小、多、密。

肌理可分为自然肌理和人造肌理两类。自然肌理是天然产生的，如石料的自然纹理、树木的表皮和木材的纵横纹理等；人造肌理是人们通过各种加工手段而得到的。在造型设计中广泛使用的是人造肌理。现代造型设计很重视表面肌理设计。人们已逐渐用富有艺术表现力的肌理处理来代替昔日的简单表面涂画装饰法。

肌理是通过视觉和触觉两种方式让人们感知的。好的肌理设计既有助于实现产品的使用功能，又能给人视觉上的美感和触觉上的舒适感。如汽车的方向盘，材质各不相同，有的车方向盘上包有动物皮毛、软橡皮、高级塑料等材料，开车也成了一种享受。

如图 2-73 所示为一个红色手提包，它的表面印有一个一个花纹，并很整齐地排列着，整个提包面在视觉上给人以柔软又很舒服的感觉。提包表面的装饰就称为肌理。

图 2-73 手提包

CHAPTER

工业造型设计表现技法之一
——效果图

工业造型设计者在设计过程中，需要将所构思的产品的造型准确而逼真地表现出来，以表达其设计意图，并作为对设计方案进行比较和征询意见的依据。表达设计意图的手段有效果图和制作模型。效果图是一张具有色彩、质感和透视效果的产品外观图，它是一种迅速而简便地表达设计思想的艺术手段。如图 3-1 所示是一张汽车的效果图，从图中可见效果图具有图形清晰、立体感强，能全面地反映产品各部分之间的比例关系和产品形、色、质的特点，给人以形象逼真而生动的视觉效果。

图 3-1　汽车的效果图

效果图的准确性和真实感比一般绘画要求高，不能带有随意性和艺术上的夸张表现手法。因此，效果图的绘制应以造型设计的构形、比例尺度、体量关系和有关的工程图样为依据，根据透视原理进行绘制，并按选择的表面处理工艺和色彩进行渲染，以增加它的艺术表现力。应用科学的方法来确定造型物的透视轮廓是绘制效果图的关键之一，因此，造型艺术设计者应熟练掌握透视图的基本原理和绘制方法。

3.1　透　视　图

1. 透视投影的基本知识

在日常生活中人们观察外界景物时，如马路两旁的树、行人、汽车等，会发现一种明显的现象：相同大小的物体处于近处者大、远处者小，间距相等的也是近者宽、远者窄，这种现象就是"透视现象"。

1）透视图的形成及其常用术语

（1）透视图的形成

透视图和轴测图一样，都属于单面投影。不同之处在于轴测图是用平行投影法画出的，而透视图是用中心投影法画出的。如图 3-2 所示，假设在人和电视机之间设立一透明的画面 P，投射中心是人的眼睛 S，成为视点，将 S 与电视机上的 A，B，C，…各点相连，这些连线称为视线，它们与画面 P 相交于 a，b，c，…各点，把这些点相连，则在画面 P 上就可以得到电视机的透视图。

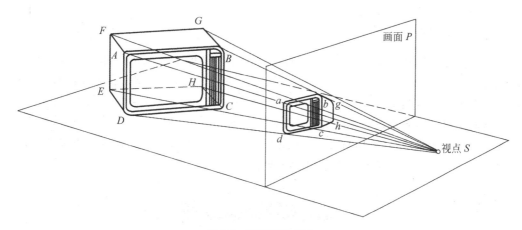

图 3-2　透视图的形成

如图 3-3 所示为一组长度和间距相等、排成一直线的电线杆，在透视中：近的高（或长），越远则显得低（或短）些。此外，平行于房屋长度方向的一组水平线，在透视中它们不再平行，而是越远越靠拢，最后相交于 F_1 点，该点称为灭点。同样，平行于房屋宽度方向的水平线，也相交于另一灭点 F_2。

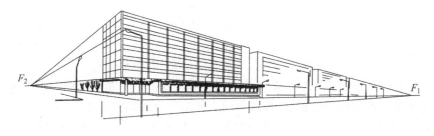

图 3-3　两点透视的灭点

（2）透视作图中的常用术语

在绘制透视图时，常用到一些专门的术语，了解它们的确切含义，有助于掌握透视的形成规律和透视画法。现结合图 3-4 介绍透视图中的常用术语。

① 画面——透视图所在的假想透明平面。

② 基面——物体所在的水平面。

③ 视点（S）——人眼所在的点（又称观察点）。

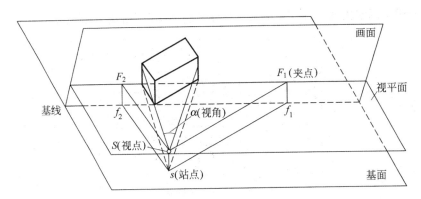

图 3-4　透视图中的常用术语

④ 站点（s）——视点在基面上的投影。

⑤ 基线（G.L.）——基面与画面的交线。

⑥ 视平面——通过视点所作的水平面。

⑦ 视平线（H.L.）——视平面与画面的交线。

⑧ 视距——视点到画面的垂直距离。

⑨ 视高（H）——视点到基面的垂直距离。

⑩ 心点（O）——过视点向画面作垂线，该垂线与画面的交点。

⑪ 视线——过视点与物体各点的连线。

⑫ 视角（α）——从视点 S 作两条水平视线，分别与物体的最左和最右两侧棱边相交，这两条视线之间的夹角，即为视角。

⑬ 距点（M）——视点到画面的距离在视平线上的反映，距点到心点的长度等于视点到画面的长度。

2）透视投影的规律

由上述透视现象可得以下透视规律：

① 等高直线：距视点近则高，反之则低，即近高远低；

② 等距直线：距视点近的间距宽，反之则窄，即近宽远窄；

③ 等体量的几何体：距视点近的体量大，反之则小，即近大远小；

④ 不平行于画面的平行线组的透视必交于一点（即灭点）。

3）透视种类

由于物体与画面的相对位置不同，物体的长、宽、高三组相互垂直方向的轮廓线，有的与画面平行，有的与画面不平行。因此，随着物体相对于画面的不同位置，透视图可分成以下三种。

（1）一点透视（又称平行透视）

当物体的主要面或主要轮廓线平行于画面时，只有与画面垂直的那一组平行线的透视有灭点（其灭点就是心点），灭点的位置必落在视平线上，可在物体正中或某一侧，这种透视图称为一点透视，如图 3-5 所示。由于一点透视可同时观察到物体前面和左右两侧的情况，因此，一般用于画室内布置、庭院、街景或主要表达物体正面形象的透视图，如

图 3-6 所示。

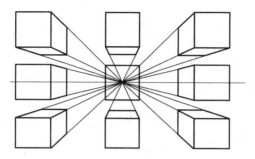

图 3-5　一点透视

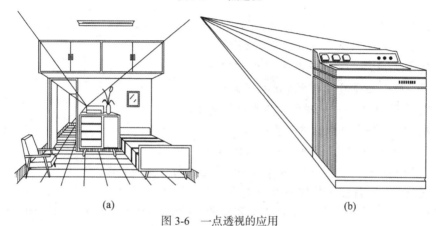

(a)　　　　　　　　　　　　　　　　　　　　(b)

图 3-6　一点透视的应用

（a）室内装饰的透视图；（b）洗衣机的透视图

（2）两点透视（又称成角透视）

当物体有一组棱线与画面平行，而另外两组棱线与画面斜交时，除与画面平行的一组棱线外，其他两组棱线的透视分别交于视平线上左右两侧的灭点 F_1 和 F_2 上，这种透视称为两点透视，如图 3-7 所示。

（3）三点透视（又称斜透视）

当物体的三组棱线均与画面斜交时，三组棱线的透视形成三个灭点，这种透视称为三点透视，如图 3-8 所示。

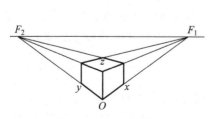

图 3-7　两点透视图

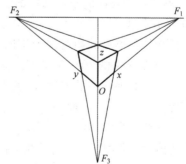

图 3-8　三点透视

2. 透视图的画法

立方体或长方体是造型设计的基本形体，在造型设计中，可在此基本形体上进行叠加或切割，形成不同的形体。这里我们以立方体和长方体为例，叙述常用透视图的画法。

1）一点透视法绘制立方体

具体作图步骤如图 3-9 所示。

① 确定立方体与画面的位置。为了画图方便，假设立方体的一个面与画面接触，且与画面平行。

② 在适当位置画出立方体的水平投影 *abcd* 和基线在地面的投影，即画面线 P.P.。

③ 确定视点 *S* 的位置。一点透视的视角可稍大些，一般取 40°~45°，视点位置不一定在中央，可偏于一侧，使图形不致太呆板。

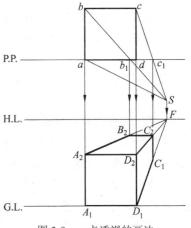

图 3-9　一点透视的画法

④ 根据作图需要画出视平线 H.L. 和基线 G.L.，然后求立方体宽度方向灭点 *F*，由于宽度方向垂直于画面，因此，只要过视点 *S* 作垂线与视平线 H.L. 相交，该交点即为灭点 *F*。

⑤ 由于立方体的一个面与画面接触，且平行于画面，因此，可从 *ab* 及 *cd* 线向下作垂线，与基线相交得 A_1，D_1 点，过 A_1，D_1 点作一边长为 A_1D_1 的正方形，即 $A_1 A_2 D_2 D_1$。

⑥ 连接 A_2F，D_2F，D_1F，即得立方体宽度方向的透视图。

⑦ 连接 *Sb*，*Sc*，与 P.P. 线相交于 b_1 和 c_1，自 b_1 和 c_1 点向下作垂线，与 A_2F，D_2F，D_1F 分别相交得 B_2，C_2，C_1 点。

⑧ 连接 B_2C_2，C_2C_1，并加深各棱边，即得立方体的透视图。

2）两点透视法绘制长方体

具体作图步骤如图 3-10 所示。

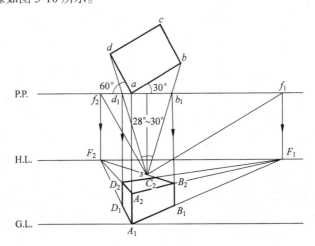

图 3-10　两点透视的画法

① 画基线 G.L. 和视平线 H.L.（两者的距离按需要而定）。

② 在视平线上方适当位置画出长方体的水平投影 $abcd$ 和画面线 P.P.，为了画图方便，使长方体的水平投影 $abcd$ 的一条棱与画面接触，并使主面与画面成 30° 或 60° 左右的夹角。

③ 确定视点 S 的位置，使其视角为 28°~30° 为宜。

④ 过站点 s 作线平行 ab 和 ad 并与画面线 P.P. 分别相交于 f_1 和 f_2，即灭点的水平投影。过点 f_1 和 f_2 作铅垂线交视平线于点 F_1 和 F_2，此即为两灭点。

⑤ 过 a 点作铅垂线交基线于 A_1 点，此点即 a 点的透视点，连接 A_1F_1 和 A_1F_2。

⑥ 在 A_1a 上过 A 点量取长方体的棱边实长得 A_2 点，连接 A_2F_1 和 A_2F_2。

⑦ 连接 sb、sd 与画面线相交，得 b_1 和 d_1 两点，自 b_1 和 d_1 点向下作垂线，与 A_2F_1 和 A_2F_2 分别相交于 B_2 和 D_2 两点，与 A_1F_2 和 A_1F_1 分别相交于 D_1 和 B_1 两点。

⑧ 连接 B_2F_2 和 D_2F_1，两线相交得 C_2 点，加深各棱边，即得所求长方体的透视图。

3. 视点、画面和物体间相对位置的讨论

在绘制透视图之前，必须根据物体的形状特点和透视图的表现要求，首先选择透视图的类型，是画一点透视、两点透视还是三点透视，然后再确定好视点、画面与物体间的相对位置，因为这三者相对位置的变化，将直接影响所绘透视图的形象，如处理不当，透视图将产生畸形失真。欲获得良好的透视效果，必须处理好以下两个问题。

1）视点的确定要满足的要求

（1）保证视角大小适宜

根据实验可知，人眼的视域接近于椭圆形，称为视锥，如图 3-11 所示。其水平视角 α 可达 120°~148°，而垂直视角 δ 可达 110°，但清晰可见的只是其中很小的一部分。在实用上为了简便，一般把视锥看成是正圆锥，因此，在绘制透视图时，视角通常被控制在 60° 以内，而以 30°~40° 为佳，否则所画透视图会产生畸形失真倾向。如图 3-12 所示，站点 s_1 与物体距离较近，两条边缘视线间的视角 α_1 稍大，则两灭点相距较近，画出的图形侧面收敛得过于急剧，侧面显得过于狭窄，有失真的感觉。如将站点移至 s_2 处，则视角 $\alpha_2<\alpha_1$，两灭点相距比前者远，则画出的图形侧面就比较平缓，图形看起来比较开阔舒展。可见，视角大小对透视的形象影响很大。

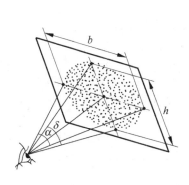

图 3-11 视锥

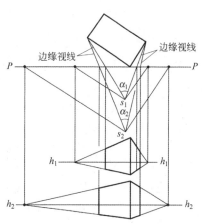

图 3-12 视角大小对透视图的影响

（2）使绘成的透视图能充分体现出物体的形状特点

如图 3-13 所示，当站点位于 s_1 时，透视不能表达出物体的全貌，而位于 s_2 时，则透视效果较好。

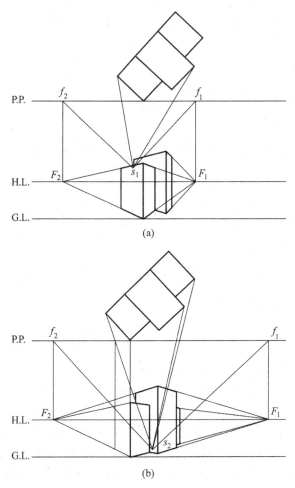

(a)

(b)

图 3-13　视点位置对透视图的影响

（3）视高的确定

当物体、画面、视距不变时，视高 H 的变化对透视效果也会产生很大的影响。如图 3-14 所示，当视平线在基线以下时，透视图产生仰视效果；当视平线在基线以上又小于物体高度时，透视产生平视效果；当视平线在物体高度之上时，透视图产生俯视（鸟瞰）效果。

总之，画透视图时，一般应遵循习惯上的视觉经验来作图。表现小的物体时，如茶具、照相机、座钟、文具盒、电话等，由于平日都属于俯视观角，所以，视平线应位于物体上部，两灭点间的距离应较大；对于中型的物体，如卡车、机床、家具等，视平线应位于物体高度内的偏上位置，两灭点间的距离也稍大；对于大型物体，如建筑物、纪念碑、塔等，则视平线应位于物体下部位置，两灭点向内靠拢，使透视收敛性较大为宜。

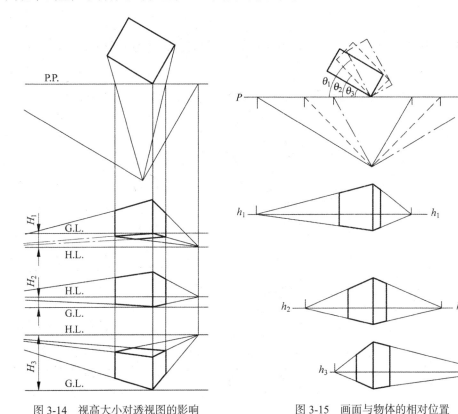

图 3-14　视高大小对透视图的影响　　　　　图 3-15　画面与物体的相对位置

2）画面与物体的相对位置

画面与物体正立面的偏角发生改变时，其透视形象也随之改变。如图 3-15 所示，物体的某一立面与画面的偏角 θ 越小，则该立面上水平线的灭点越远，透视收敛则越平缓，该立面的透视就越宽阔；如偏角 θ 适当，则立面的透视非常接近立面高、宽的实际比例；相反，偏角 θ 越大，则该立面上水平线的灭点越近，透视收敛则越急剧，于是该立面的透视越狭窄。

当物体的正侧两面的尺寸相差较大时，物体的正、侧两面都需要表达时，画面与物体的偏角应选接近 45°；如正、侧两面的尺寸相差不大时，则应使物体与画面的偏角为 30°~60°，否则会如图 3-16 所示，显得呆板、主次不分。

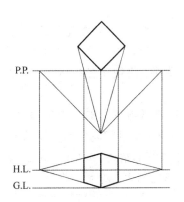

图 3-16　当物体正、侧两面尺寸相差不大，偏角为 45° 时，图形呆板

4. 在透视图上作叠加和分割

在造型设计中，对一些物体的构形，大多采用把若干个立方体（或长方体）叠加或分

割的方法进行设计。因此，在画物体的透视图时，有时需要把立方体（或长方体）进行分割，有时进行叠加。在立方体（或长方体）上进行叠加和分割的方法很多，现介绍几种常用的方法。

1）直线的分割

把一条透视直线分割成等长或不等长的线段，但各线段成一定比例，可以利用平面几何的理论，即一组平行线可将任意两条直线分成若干比例相等的线段，如图 3-17 所示，$ab:bc:cd= a_1b_1:b_1c_1:c_1d_1$。在透视图中，如果画面的平行线被其上的点分割成一定比例的线段，那么其透视仍能保持原来的比例。但是，与画面相交的线则不遵守这条原则，其透视将产生变形，直线上各线段长度之比不等于实际分段之比。但可以利用前者的透视特性，来解决后者的作图问题。

（1）在基面平行线上分割成一定比例的线段

如图 3-18 所示为基面平行线 AB 的透视 $A°B°$，要求：将 $A°B°$ 分成三段，三段实长之比为 $3:1:2$。

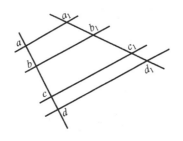

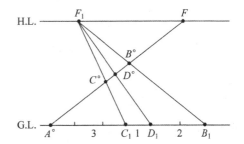

图 3-17　直线的分割　　　　图 3-18　在基面平行线上分割成一定比例的线段

因为 $A°B°$ 有透视变形，不能直接进行分割，应按以下方法：首先自 $A°B°$ 的任一端点如 $A°$ 作一水平线（基线 G.L.），在该线上以适当长度为单位，自 $A°$ 向右分割，使 $A°C_1:C_1D_1:D_1B_1=3:1:2$，连接 $B_1B°$ 并延长与视平线 H.L. 相交于 F_1，再自 F_1 分别与 C_1，D_1 连接，与 $A°B°$ 分别相交于 $C°$，$D°$ 点，由于 F_1C_1，F_1D_1 和 F_1B_1 属于一组平行线，有一共同灭点 F_1，从而将 $A°B°$ 按要求分成了三段之比，确定了 $C°$ 和 $D°$。图 3-18 中的三条平行线是透视图，好似两条平行的铁轨，它的灭点在无限远处。

（2）在基面平行线上连续截取等长线段

如图 3-19 所示为在基面平行线 AF 的透视 $A°F$ 上，按 $A°B°$ 的透视长度连续截取若干等长线段的透视分割。

首先在视平线上任选一点 F_1 为灭点，连接 $F_1B°$ 并延长，与过 $A°$ 点的水平线相交于 B_1 点，然后以 $A°B_1$ 的长度在水平线上连续截取若干段，得到点 C_1，D_1，…。这些点分别与 F_1 连接，并与 $A°F$ 相交，即得透视点 $C°$，$D°$，…。如还需要连续截取若干段，则自 $D°$ 点作水平线，与 F_1E_1 相交于 E_2 点，以 $D°E_2$ 的长度在水平线上连续截取若干段，得到点 G_2，H_2，…。这些点各自与 F_1 相连接，即可在 $A°F$ 上得到透视分点 $G°$，$H°$，…此即线段 AF 的透视 $A°F$ 的透视线段等分，它们透视长度的特点，仍具有近长远短的透视属性。

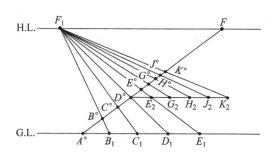

图 3-19　在基面平行线上连续截取等长线段

2）矩形的分割

（1）利用两条对角线，把矩形分成两个全等的矩形

图 3-20（a）和（b）是矩形的透视图，要求将它们分割成两个全等的矩形。

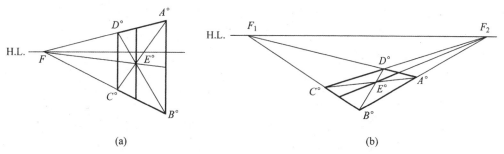

（a）　　　　　　　　　　　　（b）

图 3-20　矩形的分割

作矩形的两条对角线 $A°C°$ 和 $B°D°$，通过对角线的交点 $E°$，作边线的平行线，就将矩形等分为两个全等的矩形。重复使用此方法，可连续分割成更小的矩形。

（2）利用一条对角线和一组平行线，将矩形分割成若干全等的矩形，或按比例分割成几个小的矩形

图 3-21 是一矩形铅垂面，要求将它竖向分割成三个全等的矩形。以适当长度为单位，在铅垂边 $A°B°$ 上，自 $A°$ 点截取三个等分点 1，2，3，连接 $1F$，$2F$ 和 $3F$，与矩形 $A°36D°$ 的对角线 $3D°$ 相交于点 4 和 5，过 5 和 4 点各作垂线，即将矩形分割成全等的三个矩形。

图 3-22 中 $A°B°C°D°$ 是透视矩形，要求将该矩形分割成三个矩形，其宽度之比为 3∶1∶2。作图方法与图 3-21 基本相同，只是在铅垂线 $A°B°$ 上截取三段的长度之比为 3∶1∶2。

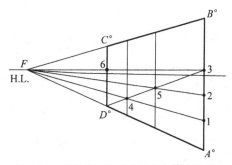

图 3-21　竖向分割矩形成三个全等的矩形

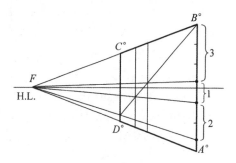

图 3-22　将矩形分割成一定比例的几个矩形

3）矩形的叠加

在透视图上作矩形的叠加，是利用这些矩形的对角线互相平行的特性来进行作图。

（1）在矩形一个方向上叠加出若干全等矩形

图 3-23 中 $A°B°C°D°$ 是一个铅垂的矩形透视图，要求叠加作出几个全等矩形。

作矩形 $A°B°C°D°$ 的中线 $E°G°$，连接 $A°G°$ 并延长，交 $FB°$ 于 $J°$ 点，过 $J°$ 点作铅垂线 $J°K°$，即得第二个相等的矩形。同法，可作出若干相等的矩形。

（2）在纵横两个方向上叠加出几个全等矩形

如图 3-24 所示，已知两点透视的矩形 $A°B°C°D°$，要求在纵横两个方向上叠加出若干全等矩形。

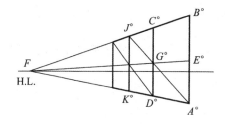

图 3-23　在矩形一个方向上叠加

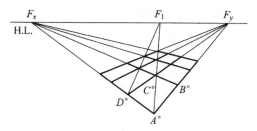

图 3-24　在纵横两个方向上叠加

延长对角线 $A°C°$ 至 F_1 点（即 $A°C°$ 的灭点），其他矩形的对角线均平行于 $A°C°$，消失于同一灭点 F_1，根据此原理即可画出若干全等的矩形，如图 3-24 所示。

4）透视图的相似放大法

当物体较大，画透视图受图幅所限时，可按比例缩小，用灭点法作出透视图，然后再根据需要进行放大，这样可以节省时间，虽然作图的精确度受些影响，但能满足透视效果。

相似放大是利用图形相似原理，即图形各对应边平行，其作图步骤如图 3-25 所示。

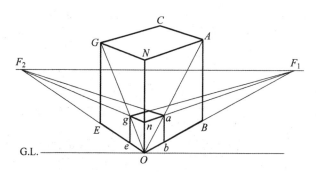

图 3-25　透视图的相似放大法

（1）确定放大倍数 n（图 3-25 中倍数 $n=3$）。

（2）在以灭点画出的立方体透视图上，以 Ob，On，Oe 为透视坐标，在其上按要求的倍数 n，量取各原棱边的 n 倍长，得 B，N，E 点。

（3）过 N，E，B 点分别作对应原透视图棱边的平行线，相交得 A，G 点，过 A，G 点作原透视图对应边的平行线，相交得 C 点（或延长原透视立方体上的对角线，与所作平行线相交得 A，G，C 点）。

（4）加深，即得所求放大 n 倍的立方体透视图。

5. 圆的透视画法

圆在透视图上，相对于画面的位置不同，其形状大小也随之改变。当圆平行于画面时，圆的透视仍是圆，但大小变了；当圆不平行于画面时，则圆的透视一般是椭圆。透视椭圆的作图，通常先做圆的外切正方形的透视，然后用八点法求出圆上 8 个点的透视，再用曲线板光滑连接，即得所求椭圆。

1）水平圆的透视

具体作图步骤如图 3-26 所示。

（1）在平面图上做外切正方形。

（2）做外切正方形的透视，画对角线和中线，得圆上 4 个切点的透视 A'，B'，C'，D'。

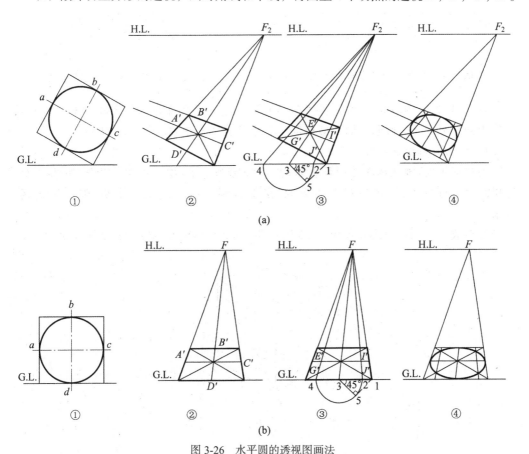

图 3-26 水平圆的透视图画法
（a）两点透视；（b）一点透视

（3）求圆和对角线相交的另四个点的透视，当两点透视时，延长 F_2D' 到基线相交于点 3，然后以 13 为斜边，作 45° 直角三角形，以直角边 35 为半径，点 3 为圆心，作圆弧交基线于 2 和 4 两点，连接 $F_2$2 和 $F_4$4，与对角线交于 J'，I'，G' 和 E'，如图 3-26（a）所示。当一点透视时，由于正方形的一边与基线重合，则可直接在基线上作图，如图 3-26（b）所示。

（4）用曲线板连接所得的 8 个点，即得所求椭圆。

2）铅垂圆的透视

（1）当圆所在平面垂直于基面，但不与画面平行时，其透视画法与上述相同，如图 3-27 所示。

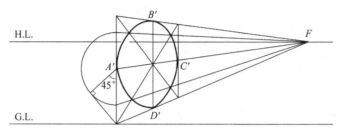

图 3-27　铅垂圆的透视

（2）当圆所在平面与画面平行时，其透视仍是圆，但半径变小了，如图 3-28 所示。应用一点透视法求出圆心的位置和半径的透视长度，再用圆规画圆，如图 3-29 所示。

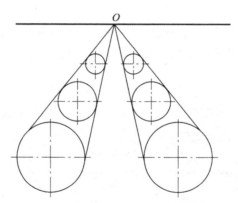

图 3-28　与画面平行圆的透视

具体作图步骤如下：

① 在适当位置画出画面线 P.P.、视平线 H.L. 和基线 G.L.。

② 假设圆所在平面与画面平行，但不在画面上，则在 P.P. 线上方适当位置画出圆的直径 ab 线。

③ 确定站点 s 的位置，连接 sa，sb，sO 得交点 a_1，b_1，O_1，则 a_1b_1 为透视圆直径。

④ 自 s 点向下作垂线与视平线相交得灭点 F。

⑤ 自 O 点向下作垂线至基线 G.L.，在该垂线上量取圆的半径 R，并与灭点相连接。

⑥ 自 O_1 点向下作垂线，与 FN_1，Fn 交于 O' 和 d_1，点 O' 即为透视圆的圆心，$O'd_1$ 为透视圆半径，以 O' 为圆心，$O'd_1$ 为半径画圆，即得所求透视圆。

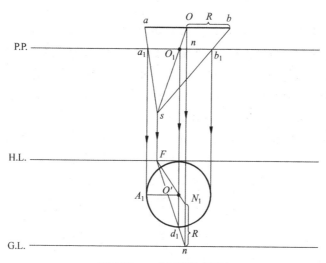

图 3-29 一点透视法求圆心

3）圆的透视规律

由于视平线和视点的位置不同，圆的透视椭圆的形状也随之变化。由图 3-30 可知：

① 距离灭点较远的，透视椭圆较宽，反之则透视椭圆较窄，如图 3-30（a）所示。

② 对于平行于基面和垂直于基面的同直径圆的透视，越接近灭点，则短轴越短，而长轴不变，如图 3-30（a）所示。

③ 两点透视时，当各圆的圆心在一直线上时，由于位置不同，椭圆的长短轴都有很大变化，使圆的透视从正椭圆变成斜椭圆，即椭圆的长轴发生倾斜，如图 3-30（b）所示。

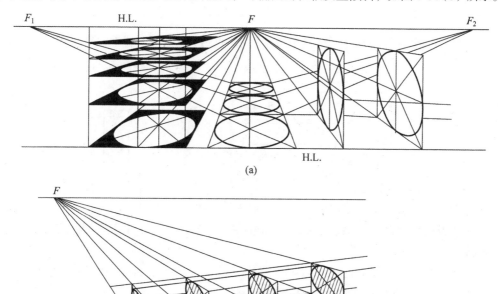

图 3-30 圆的透视规律

6. 透视的应用

两点透视是造型设计中应用最多的一种透视方法。下面以两点透视为例说明透视的应用。

画透视图时，一般先将复杂形状归纳成平面体——立方体或长方体，然后再叠加或切割。如图 3-31 所示是一台小型收音机。收音机的长宽尺寸相差较大，且正侧两面都需要表达，因此宜采用 45° 的两点透视。为了画图方便，使其一棱边与画面接触。用两点透视法画出收音机的形体外廓 ABCDEFG。然后再做细部分割，最后画出收音机透视图，如图 3-31 所示。

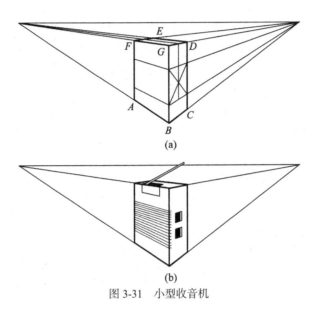

(a)

(b)

图 3-31　小型收音机

实例：根据收录机的三视图（图 3-32），用两点透视法绘制其透视效果图。

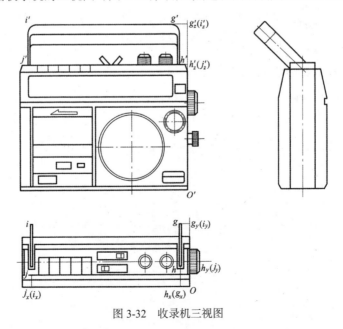

图 3-32　收录机三视图

基本步骤如下：

1）绘制收录机主体基础

如图 3-33 所示，具体作法请参照图 3-10 中绘制长方体的方法，在此不再赘述。

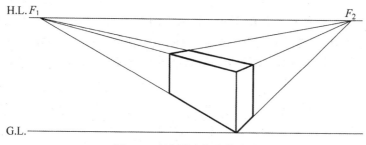

图 3-33　绘制收音机主体基础

2）切去边角

（1）在画面竖直线上找到分割点 A，将点 A 与两个灭点 F_1，F_2 分别连接起来，得到点 B 和 C（图 3-34）。

（2）找到水平棱上的分割点 D 和 E（具体作法可参照图 3-18），分别与 F_1 连接起来，得到与另一水平棱的交点 M 和 N（图 3-34）。

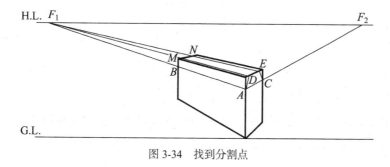

图 3-34　找到分割点

（3）切去多余的角（图 3-35）。

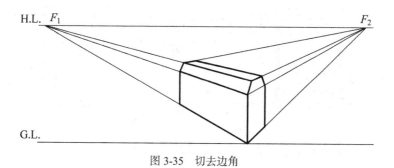

图 3-35　切去边角

3）参照图 3-36 绘制正面扬声器窗的大圆

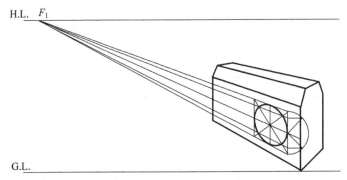

图 3-36　绘制正面扬声器窗的大圆

4）绘制侧面的大旋钮

（1）绘制侧面上的圆，具体作法可参照图 3-27。

（2）将圆向外复制，并修剪掉多余的线，结果如图 3-38 所示。

5）绘制顶面的旋钮

如图 3-39 所示，具体作法请参照图 3-26（a）。

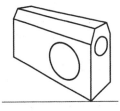
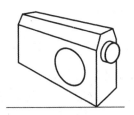
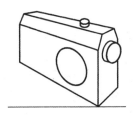

图 3-37　绘制侧面上的圆　　　　图 3-38　完成侧面的大旋钮　　　　图 3-39　绘制顶面的旋钮

6）绘制提手

选定四个定位点 G，H，I，J，以求提手的透视方向和透视长度。

（1）找点 H 和 G（图 3-40）

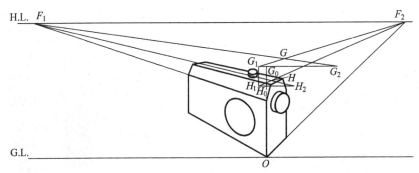

图 3-40　找点 H 和 G

① 在主视图（图 3-32）上量取 H 点投影 h' 的高度 $h_z'O'$ 及 G 点投影 g' 的高度 $g_z'O'$。在透视图的画面上，利用 $H_0O=h_z'O'$，$G_0O=g_z'O'$，找到点 H_0 和 G_0。

② 在俯视图上量取 H 点投影 h 的 x 方向长度 h_xO 及 G 点投影 g 的 x 方向长度 g_xO。

在透视图的画面上，利用 $H_1H_0=h_xO$，$G_1G_0=g_xO$，找到点 H_1 和 G_1。

③ 在俯视图上量取 H 点投影 h 的 y 方向长度 h_yO 及 G 点投影 g 的 y 方向长度 g_yO。在透视图的画面上，利用 $H_2H_0=h_yO$，$G_2G_0=g_yO$，找到点 H_2 和 G_2。

④ 将 H_1 和 F_2，H_2 和 F_1 分别连接起来，其交点即为点 H 的透视；将 G_1 和 F_2，G_2 和 F_1 分别连接起来，其交点即为点 G 的透视。

（2）找点 J 和 I（图 3-41）

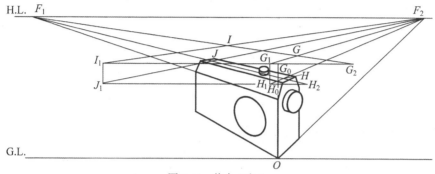

图 3-41　找点 J 和 I

① 在俯视图上量取 J 点投影 j 的 x 方向长度 j_xO 及 I 点投影 i 的 x 方向长度 i_xO。在透视图的画面上，利用 $J_1H_0=j_xO$，$I_1G_0=i_xO$，找到点 J_1 和 I_1。

② 连接 J_1 和 F_2，连线与 H_2F_1 的交点即为点 J 的透视；连接 I_1 和 F_2，连线与 G_2F_1 的交点即为点 I 的透视。

（3）求出了提手上的 4 个定位点 G、H、I 和 J，即确定了提手的透视方向和透视长度，见图 3-42。然后完成提手的其他部分。

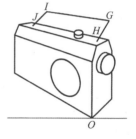

图 3-42　提手的透视方向和透视长度

（4）图 3-43 实物照片参考图。

7）补全其他细节

将各按键画出并润饰，即完成如图 3-44 所示的收录机透视效果图。

图 3-43　实物照片（参考）

图 3-44　收录机透视效果图

3.2　效果图的润饰

学会用透视法绘制物体的外形轮廓，这仅仅是完成绘制效果图的第一步。一张效果图不仅要准确表达物体的"形"，还要表达物体的"色""质"感，才能给人以完美的造型形象，而效果图的润饰就是从光影、明暗、色彩和质感的角度进行刻画，使造型物的形象更加生动逼真。

1. 阴影的基本概念

1）阴和影的形成

物体受光后，直接受光的表面显得明亮，称为物体的阳面，背光的表面称为阴面。阳面和阴面的分界线称为阴线。由于造型物遮挡了部分光线，使物体本身其他部分或其他物体的迎光表面出现阴暗部分，这成为影（或落影）。阴和影合称为阴影，如图 3-45 所示。

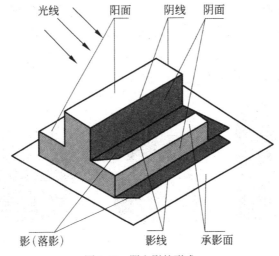

图 3-45　阴和影的形成

2）明暗变化规律

我们在日常生活中所见到的各种工业产品，其基本形状一般可归纳为立方体、圆柱体、圆锥体和球体，或者是它们的组合，因此应对这些基本体的明暗关系进行分析和润饰练习。一般都采用石膏制的形体进行练习，因其明暗层次明显易辨。

物体的明暗变化规律可以归纳为六个字：三大面、五大调。

（1）三大面

平面立体在固定光线的照射下，由于立体表面与光线的相对位置不同，受光情况不同，以致形成明亮和灰暗的差别。如图 3-46 所示，迎光面为亮面，其次为次亮面和暗面，这就是通常所说的"三大面"。

亮和次亮都是受光面，因受光的强弱不同而呈现不同程度的亮度。暗、次暗、反光和阴影都是背光面，因背光部分受反光影响而呈现不同程度的暗度，阴影部分也有暗的强弱变化。

图 3-46　平面体的三大面

（2）五大调

曲面立体可视为由无数微小的平面组成，而每个小平面与光线的相对位置都不相同，因此，它们的明暗层次变化更为柔和微妙。一般将这种逐渐变化的明暗关系，定为亮（又称高光）、次亮、暗、次暗和反光，这五种即常说的"五大调"。

光线照射在光滑表面上会产生单向反光现象，这种现象的色调又称为高光。高光在圆球体上反映为点状，称为高光点；在圆柱或圆锥体上则反映为一条带状，称为高光带。见图 3-47。对造型物三大面、五大调的准确描绘，使效果图具有更强烈的艺术效果，丰富了色调层次，立体感更强，更加生动逼真。

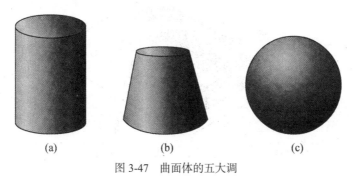

(a)　　　　　　　　(b)　　　　　　　　(c)

图 3-47　曲面体的五大调

2. 效果图的润饰

效果图的润饰分为黑白润饰和色彩润饰。

黑白润饰可以用铅笔、炭笔、钢笔、墨笔等工具，用点、线和水墨渲染的形式来表现造型物的效果图。其中，以铅笔和钢笔润饰应用较广。黑白润饰多用于绘制造型草图和一般的设计方案。

色彩润饰见 4.6 节。

色彩设计

色彩能使人快速区别不同物体、美化产品、美化环境。工业产品色彩的良好设计能使产品的造型更加完美，在提高产品的外观质量和增强产品在市场上的竞争力等方面，都起着极其重要的作用。工业产品色彩设计将对人的生理和心理也有一定影响。如果色彩宜人能使人们的精神愉快，情绪稳定提高工效；反之，将使人们的精神疲劳，心情沉闷、烦躁，分散注意力，降低工效。

色彩有着先声夺人的魅力。例如，人们进入商店，一般来说首先作用于人视觉的是色彩，其次是形体，最后才是质感。根据经验表明，视觉对色彩和形状的感知率如表 4-1 所示。

表 4-1　视觉对色彩和形状的感知率

	色　彩	形　状
最初	80%	20%（可持续 20 s）
2 min 后	60%	40%
5 min 后	50%	50%（以后将持续下去）

由此可见，色彩设计在造型设计中占有很重要的地位。

4.1　色彩的基础知识

1. 何谓色彩

宇宙万物五颜六色，我们辨认物体的重要感受首先是色彩。那么色彩是什么呢？当人们观察有色物体时，由于光的照射，物体表面反射回来的光线，作用于人的视觉器官，在几秒之内产生一种色彩感觉。例如，一只红色的苹果放在没有光线的暗房中，就看不见鲜红的颜色，所以说有光就有色，无光就无色。因此，色彩是光刺激视神经后所产生的一种视觉反应。

2. 色与光的关系

光在物理学上属于一种电磁波。波长介于 700~400 nm（1 nm=1/1 000 000 mm）的光波，人眼可以感觉到，称为可见光；波长大于 700 nm 时，即为红外线；波长小于 400 nm 时，即为紫外线和医疗用的 X 射线，见表 4-2。

表 4-2 太阳光的放射波

紫外线	可见光						红外线
	紫	青	绿	黄	橙	赤	
晒黑皮肤	400~700 nm 可感觉色彩						暖和感

太阳光通过三棱镜后，被分解为一条由红、橙、黄、绿、青、蓝、紫等七种色光组成的色带，这条色带称为光谱。由于青色和蓝色相差甚微，蓝色可以包括青色，故一般称红、橙、黄、绿、蓝、紫这六色为标准色。如图 4-1 所示，其中红光波长最长，紫光波长最短，它们的波长如下。

红：700~610 nm   橙：610~590 nm

黄：590~570 nm   绿：570~500 nm

蓝：500~450 nm   紫：450~400 nm

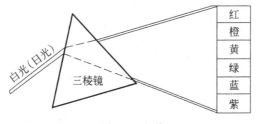

图 4-1　光谱

色光是太阳中各种物质燃烧的结果。在阳光的光子中可以找到各种光物质，如红色光中含有氢氧元素，橙色光中含有钠元素，黄色光中含有氮元素，绿色光中含有铁元素，蓝色光中含有氢元素，紫色光中含有铁钙元素。因阳光中所含各种色光的物质特性不同，当阳光照射到某一物体时，由于同类元素具有相互结合作用，物体将同类元素的色光吸收，所以这部分色彩就不呈现；而异类元素具有互相排斥作用，物体将异类元素的色光反射出来，则其色彩可见。例如，呈现红色，是反射红光，吸收其他色光；呈现蓝色，是反射蓝光，吸收其他色光。

工业产品所指的色彩是通过各种颜色的色料加以调配而成的，色光与色料的性质是不同的。色光是一种电磁波，是由具有一定能量和动量的粒子所组成的粒子流，而色料（包括颜料、染料、油漆等）则是以各种有机物质与无机物质组成的色素。

工业造型设计所讲的色彩，是指色料的颜色。

3. 色彩的分类

日常人们能用眼睛看到的颜色非常丰富，有 200 万 ~800 万种颜色，在这些千变万化的色彩世界中，几乎找不到相同的色彩。

色彩可以按有彩色和无彩色区分，也可以按冷暖性区分如下：

$$
色彩
\begin{cases}
无彩色系
\begin{cases}
白 \\
灰 \\
黑
\end{cases}
没有色彩的颜色 \\[2em]
有彩色系
\begin{cases}
纯色 \\
其他一般色彩
\end{cases}
\end{cases}
$$

$$
按冷暖性区分
\begin{cases}
暖色系——红、橙、黄橙、黄 \\
冷色系——白、蓝
\end{cases}
$$

4. 色彩的三要素

色相、明度、纯度称为色彩的三要素，它是鉴别、分析、比较色彩的标准，也是认识和表示色彩的基本依据。

（1）色相

色相（hue）简写为 H，是指色彩的相貌，如红、橙、黄、绿、蓝、紫即为不同色相。这六种色在光谱上是呈直线形排列，如图 4-1 所示。在使用色料时，可使它们首尾相连，呈一圆环形，称此环为色相环，如图 4-2 及彩图 C-1 所示。

通常在主要色相中间加入中间色相，可形成十色相、十二色相或二十四色相等色相环。常用的是十二色相环，如图 4-3 及彩图 C-2 所示。

图 4-2　六色相环图

图 4-3　十二色相环

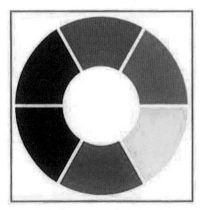

彩图 C-1　六色相环

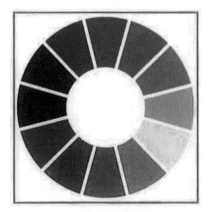

彩图 C-2　十二色相环

（2）明度

明度（value）简写为 V，是指色彩的明暗程度。

反射率的大小决定色彩的明暗程度。反射率大则明度高，反之则明度低。在色料中黑色明度最低，白色明度最高。任何色料混入白色后均可提高其明度，混入白色越多明度越高；若混入黑色均可降低明度，混入黑色越多明度越低。

用黑白两色不同量混合，可得到不同明度的灰色，通常从黑到白可分为 8 个、9 个或 11 个不同明度的色阶，称为明度阶段。作为分析色彩明暗程度的标准，如图 4-4 所示。明度最高 V=10，即为理想的白色；明度最低 V=0，为理想的黑色；而 V=1~3 为低明度，V=3~6 为中明度，V=7~9 为高明度。明度阶段又称为无彩轴。

如果把白色的明度定为 100，黑色的明度定为 0，则各色的明度如下：

白色——100	红橙色——27.33	暗红色——0.80
黄色——78.9	青绿色——11.00	青紫色——0.36
黄橙及橙——69.85	纯红色——4.93	紫色——0.13
黄绿及绿——30.33	青色——4.93	黑色——0

可见，在有色彩中黄色最亮，紫色最暗。

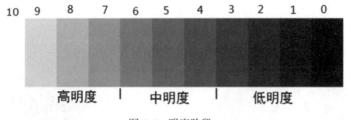

图 4-4　明度阶段

（3）纯度

纯度（chroma）简写为 C，是指色彩的鲜艳程度。

纯度又称为彩度或饱和度。在色相环中的各色是纯度最高的色彩。在任何一个色相中掺入白色后，其纯度就降低，而明度提高。反之若掺入黑色，则其纯度和明度都降低。因而前者称为"明调"，后者称为"暗调"。

在一种色相中，逐渐加入白色或黑色，可得一系列不同纯度的色阶，称为纯度阶段。

以明度阶段为纵坐标，纯度阶段为横坐标。越靠近明度阶段的色彩纯度越低，越远则纯度越高，最外侧的是纯度最高的纯色，如图 4-5（a）所示。纯度阶段可分为 9 个阶段，以 1S 到 9S 来表示。1S~3S 为低纯度，4S~6S 为中纯度，7S~8S 为稍高纯度，9S 为最高纯度。

由图 4-5（b）可见，纯色在中明度区可形成很多阶段，在高明度区和低明度区则较少。

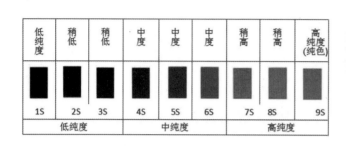

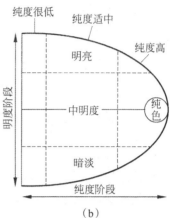

（a）　　　　　　　　　　　　　　　　　　（b）

图 4-5　纯度阶段

5. 原色与混合色

1）原色、间色、复色及补色

原色是无法用其他色彩（或色光）混合而成的色。色光的三原色是：红、蓝、绿；色料的三原色是：红、黄、蓝。色光的三原色相混合可得白光（图 4-6(a)）；色料的三原色相混合则成黑浊色（图 4-6(b)）。三原色可调配出无数种其他色彩，故三原色又称第一次色。另例十二色相环见图 4-7。

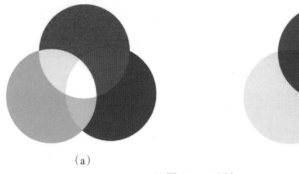

（a）　　　　　　　　　　　　　　　　　（b）

图 4-6　三原色

三原色的任何两色混合而得到的颜色称为间色，如图 4-6(b) 中的橙、绿、紫。

间色：橙＝红＋黄

　　　绿＝蓝＋黄

　　　紫＝红＋蓝

由两种间色或原色与间色混合而得到的颜色称为复色。

复色：橙紫（红灰）＝橙＋紫＝红＋黄＋红＋蓝

　　　　　　　　　　　（橙）　　（紫）

　　　绿紫（蓝灰）＝绿＋紫＝蓝＋黄＋红＋蓝

　　　　　　　　　　　（绿）　　（紫）

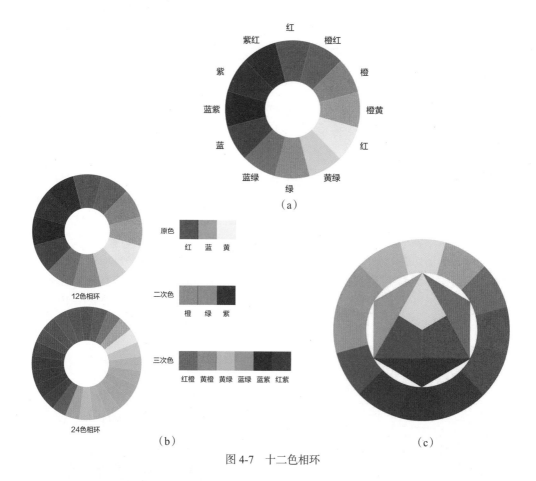

图 4-7　十二色相环

　　可见，复色实际上是三原色的混合，不过是以其中一色为主进行混合的，只要三原色中的任一色比例稍有不同，就可以产生出多种不同的复色。

　　三原色中任一色与其余两原色混合的间色即为互补色。如红与绿（黄＋蓝）、蓝与橙（黄＋红）、黄与绿（红＋蓝）都为互补色。由于互补色在色彩系列中的对比最强，因此表现力强、响亮、明快。

　　2）色彩的混合

　　我们通常所见到的色彩大多是多种色彩的混合。色彩的混合可分为减色混合、中间混合两种。

　　（1）减色混合

　　如果不同色料混合而得到的新的色彩比混合前的色彩更暗淡，则称为减色混合。如红色与黄色柠檬黄混合而得到的橙色，不如混合前的红色和黄色明亮。水粉、水彩、油画颜料及染料都属于减色混合的色料。

　　（2）中间混合（中性混合）

　　中间混合有色盘旋转混合和空间视觉混合，其特点是混合后的明度是混合色的平均明度。

　　在一个圆形转盘上组合几个色块，快速旋转，可产生一种新的色彩，这种混合称为色盘旋转混合。此外，将一些不同色彩的细小的点组合在一起，相隔一定距离观看时，产生另一种色彩，这种混合称为空间视觉混合。印刷上的网点制版印刷就是应用这种原理。

4.2　色彩的体系

1. 色立体

将色彩的三要素——色相、明度、纯度合理地配置成一个三维空间的立体形状，就叫色立体，如图4-8（a）所示。用水平面的圆角表示色相环，通过色相圆的中心作一垂直水平面的轴线，此轴即为明度轴，白色在上，黑色在下，圆的中心为灰色，把圆周上的各色相与轴连接，可以表示纯度，接近明度轴的纯度低，远离明度轴的纯度高。在色立体中作垂直于明度轴的剖切面，将得到相同明度的各色相，这个平面称为同明度面。作包含明度轴的纵剖切面（一半），可得到一个等色相面，如图4-8（b）所示。任何一种色相由于明度和纯度的差异都可以有千变万化的色彩，但不论何种色彩，都可以在这个色立体中找到。

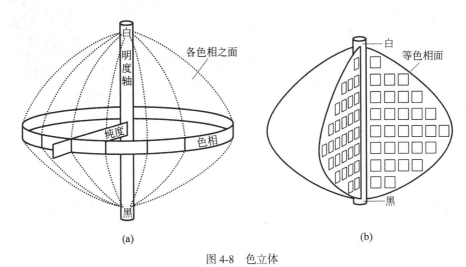

图4-8　色立体

2. 色的表示体系

至今人眼能辨别的色彩有200万~800万种，对这么多色彩，不可能给每一种起一个精确的名称。应采用科学的表示方法，用记号来表示每一种色彩，可体现每一种色彩的色相、明度、纯度之间的关系。

目前，国际上使用的色表示法有美国的孟塞尔（Munsell）色标、德国的奥斯特瓦德（Ostwald）色标及日本色研所色标。下面介绍用得较广的孟塞尔色标及日本色研所色标。

（1）孟塞尔表色系

孟塞尔表色系是美国的美术教师孟塞尔（Albert H.Munsell，1858—1918年）于1905年发明的。它把色彩三要素——色相H、明度V、纯度C构成一个立体模型，称为孟塞尔色立体。它是以红（R）、黄（Y）、绿（G）、蓝（B）、紫（P）五种色相为基础，再加上黄红（YR）、黄绿（YG）、蓝绿（BG）、蓝紫（BP）、红紫（RP）五种中间色顺时针方向排列组成 10 种主要色相，又对每一种色相按顺时针方向 10 等分，由此获得 100 种色相的孟氏色相环，如图 4-10 所示。各色相上的第五种即为该色相的代表色，如 5R、5Y、5YR 等。直径两端的色相为互补色。

明度阶段是在白和黑之间加入明度渐变的 9 个灰色，成 11 个阶段，用 N_{10}，N_9，N_8，…，N_0 表示，而有彩色则用与此等明度的灰色表示明度，用 1/，2/，3/，…，9/ 等记号表示。

孟塞尔法的主要色相中以红（5R）的纯度等级最高，也就是纯度最高，共有 14 等级，而蓝绿（5BG）的纯度等级只有 6 级。由于每一种色相的纯度等级不一，因此，孟氏色立体的形状呈不规则形，如图 4-9~图 4-11 所示。

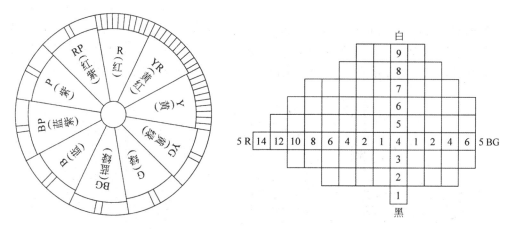

图 4-9 孟氏色相环

图 4-10 孟氏等色相面

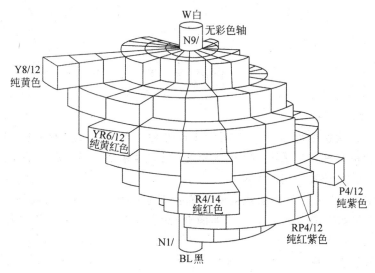

图 4-11 孟氏色立体

　　孟塞尔是以 HV/C（色相明度 / 纯度）的形式来表示某一种色彩，如 5R4/14 即表示色相为 5R、明度为 4、纯度为 14 的纯红色彩。

　　对无彩色的黑白系列的中性灰色用 "N" 表示。以 NV/（中性灰色明度 /）的标记方法表示，如 N5/ 则表示明度值为 5 的中性灰色。

　　（2）日本色彩研究所表色系

　　日本色彩研究所发表的色系是以红、橙、黄、绿、蓝、紫六个主要色相为基础，因为紫色与蓝色非常接近，所以把蓝色改成了紫色（因此在图中有两个紫色，所以为六个主色相），再加入五个中间色相，每个色相再细分为二或三色相，共构成二十四色相（图 4-12），该色相环的特点是互补色关系不在直径两端的对立位置。

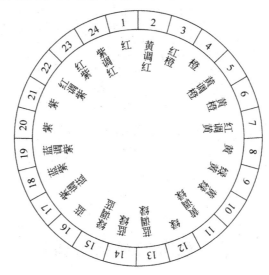

图 4-12　日本色研所的色相环

　　明度阶段以黑为 10，白为 20，中间加入渐变的 9 个灰色，共 11 个阶段，纯度的区分与孟塞尔表色系类似，根据色相、纯度的不同，纯红色的纯度 10 是最高的（图 4-13）。

　　由于纯度长短不一，因而形成一个横卧的蛋形色立体，如图 4-14 所示。

　　色的标记法：以色相 - 明度 - 纯度的顺序标记，如 1-14-10 表示色相为 1、明度为 14、纯度为 10 的纯红色。

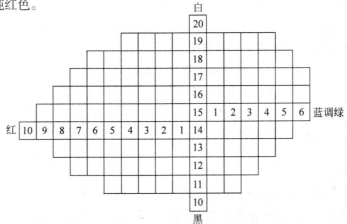

图 4-13　日本色研所的等色相面

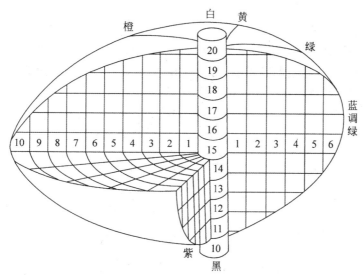

图 4-14 日本色研所的色立体

4.3 色彩的对比与调和

工业产品的色彩一般不会只有一种色彩，往往是两种或两种以上的色彩配置而成。当两种以上色彩并置在一起时，就必然产生色彩的对比与调和问题。差异性大的表现为对比，差异性小的则表现为调和。对比与调和是色彩设计最基本的配色方法，是获得色彩既变化丰富又有统一的重要手段。

1. 色彩对比

色彩对比有同时对比和连续对比两大类。

1）同时对比

两种色彩并置时，所产生的对比现象称为同时对比。同时对比有色相对比、明度对比、纯度对比、冷暖对比和面积对比等。

不同程度的对比，给人的视觉效果也各异。例如，

最强对比：生硬、敏感

强对比：生动、热烈

弱对比：柔和、平静、安定

最弱对比：朦胧、暧昧、单调

（1）色相对比

由于色相的差异而形成的色彩对比称为色相对比。例如，将两张相同色调的橙色纸，一张放在红色纸上，另一张放在黄色纸上，此时，在红色纸上的橙色看起来会稍微带黄色，而放在黄色纸上的橙色则稍微带有红色，这种现象即为色相对比。色相对比的强弱取决于两色相在色相环上的位置，如图 4-15 所示。

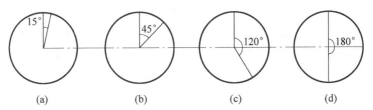

图 4-15　色相对比强弱取决于两色相在色相环上的位置（参考彩图 C-1，C-2）

(a) 最弱；(b) 弱；(c) 强；(d) 最强

① 色相相距在 15° 以内的对比又称为同类对比，是最弱色相对比，实际上是同色相中不同纯度和明度的对比，其色相感比较单纯、柔和、典雅，色调容易调和统一，但容易产生单调、平淡之感。

② 色相相距在 45° 左右的色相对比又称为邻近色对比，是弱对比，其色感比同类色相对比要明快、活泼，可弥补同类色相对比的不足，又能获得和谐、雅致、柔和、耐看的效果。

③ 色相相距在 120° 左右的色相对比是强对比。具有刺激性强，易使人兴奋激动、疲劳的特点，因而在工业产品上只宜小面积使用。

④ 色相相距 180° 左右的色相对比由称为互补色对比，是最强对比。

如图 4-16 所示为油轮，色彩设计强对比，红色与黑色属强对比。红色面积为主色，黑色为配色，在视觉上有厚重感，从整体上看有安全感，红色表示油轮的危险感，引起注意。

图 4-16　油轮

（2）明度对比

由于色彩的明暗差异而形成的对比称为明度对比，它具有使明调色更明亮、暗调色更暗的效果。例如，将两张同明度的灰色纸分别放置在白纸和黑纸上时，会感到白底纸上的灰色较暗，而放在黑底纸上的灰色较明亮。同样道理，白色与黑色放在一起时，白色会比与其他色彩并置在一起时显得更白，这就是明度对比的效果，也说明同一色彩因底色不同会产生明度变化。在绘制效果图时，如能恰当地运用色彩的明暗对比，则能使画面取得明快、突出重点、有深远感的视觉效果。

工业产品多采用明度对比适中或稍强的对比，强对比只用在特殊需要的部位，如仪表上的指针、刻度、字符和面板上的显示及文字等。

（3）纯度对比

色彩因纯度差异而形成的对比称为纯度对比。纯度对比会使原来的纯度发生变化，纯度高的显得更纯、更鲜艳；纯度低的显得更弱、更柔和或更灰。纯度差异的程度决定纯度对比的强弱。纯度差异大的为强对比，给人以刺激、兴奋、生动、活跃、鲜艳的感觉，若对比太强则有生硬、眩目、刺激强、易疲劳的感觉；纯度差异小的为弱对比，给人以柔和、含蓄的感觉。

降低纯度的方法有以下四种。

① 加入白色：纯度降低，明度提高。

② 加入黑色：纯度降低，明度降低。

③ 加入灰色（或同时加入白和黑）：纯度降低。

④ 加入互补色：纯度降低，如红色加入绿色，可得到灰暗的红色。

工业产品多用低纯度的色彩，纯度对比较弱。强对比只用于需要引人注目的局部和装饰部分。

如图 4-17 所示无人机是近几年发展起来的设备，用于高空巡查，如水灾、火灾、地震等意外灾害发生时的拍照。其色彩设计鲜明、生动、有力，现在全国普遍使用，安全、高效。

 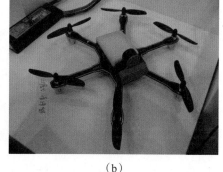

（a）　　　　　　　　　　　　　　　　　　（b）

图 4-17　无人机

（a）正在飞行；（b）停飞状态，旁有遥控器

如图 4-18 所示为卧式铣床，加工刀具的轴线呈水平位置，切削刀具呈圆柱状，具有加工平面、槽形等零件的功能，整台机床可分为两大部件，即左边主轴箱、变速传动系统、电源（电动机），右边是工作台部件，被加工的工件固定在最上部的工作台面上。此工作台可以在 X 方向移动，铣刀装在主轴上，铣刀旋转，下边的工作台做 X 方向移动，即可进行加工，上部工作台下边装配在另一个 Y 方向运动的导轨上，右边的工作台部件可做 Z 方向的上下运动（主轴箱和工作台有上下燕尾槽导轨配合），实现了工作台 X、Y、Z 三个方向的移动。操作方式有机动和手动，手柄操作起锁紧作用，手轮用于手动，上部有照明

灯及润滑油管，电源开关一般放在左下角。总体造型属堆积法，造型紧凑、不显杂乱、重心居中，极其稳定安全。色彩设计为草绿色，有减轻体重之感，没有刺眼杂乱的感觉。色彩设计为中性。

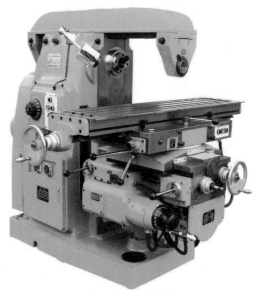

图 4-18　卧式铣床

（4）冷暖对比

色彩因冷暖差别而形成的对比称为冷暖对比。色彩本身并无冷暖的生理感觉，人们由于生活经验和联想，在心理上对某些色彩有冷的感觉而对另一些色彩又有暖的感觉。如进入红橙色的房间，会感到温暖，而进入浅蓝色的房间，则有一股凉意。

由于心理作用可以把色彩分为暖色和冷色两类。在十二色相环中（图 C-2），以最亮的黄色和最暗的紫色为中心线，一边是红、橙、黄橙等暖色，另一边则是蓝绿、绿蓝、蓝等冷色，最暖的是橙色，最冷的则是蓝色，在冷暖之间的蓝紫、紫、红蓝与黄、黄绿、绿等色为中性色。这种区分是相对的。

同一色相由于明度和纯度的不同，也有冷暖感。不论是冷色或暖色，只要加入白色，明度提高，色彩就变冷；反之，加入黑色，明度降低，就会增加暖和感。如暖色的红加入白色变成粉色后，会有凉的感觉；而冷色的蓝加入黑色后，变成暗色，就有较暖的感觉。

在工业产品的色彩设计中多用冷暖差别较小的弱对比和中性色，见图 4-19。

如图 4-20（a）、（b）所示，（a）为机械臂正在点焊电子元件，准确可靠、效率高。机械臂的主体色彩设计为暖色，橙红色，底座为黑色，整体稳定。(b)为一个儿童伙伴机器人，可对话、

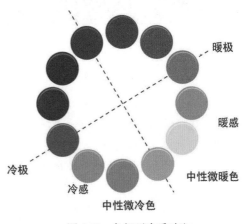

图 4-19　色相环冷暖对比

唱歌，色彩设计为白色，纯洁、可爱。

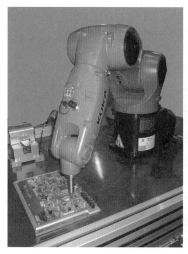

（a）　　　　　　　　　　　　（b）

图 4-20　弱对比和中性色的实例

（a）机械臂；（b）机器人

如图 4-21 所示为中国"雪龙号"轮船，远洋南极。船体分为两大部分，下部为船体，上部是一座七层楼的建筑，作为乘客生活、科研、存货之用。轮船正在南极有薄冰的海上航行，右边是船首，船尾有起重设备，吊装货物。船身呈流线形曲面，色彩设计为红色，上部建筑色彩为白色，色彩对比，上轻下重，航行在蓝色的海洋上，红色船体特别鲜艳，整艘轮船上下前后在量体上视觉既平衡又稳定。

图 4-21　"雪龙号"轮船

如图 4-22 所示为一架水上飞机，作为海上巡逻之用。飞机主体底部平滑呈曲面形，机翼宽长，飞行时底部接触水面，浮在水面上，后部有发动机，机尾和两翼起平衡作用，观察镜头设计在机顶。蓝色的大海，白色的机身，红色的尾翼，色彩设计非常成功，飞行时也较为平稳。

图 4-22　水上飞机

（5）色彩的面积对比

因色彩面积大小的差异而形成的对比称为面积对比。

如果物体表面色彩面积大，则光量和色量也大；反之，则光量和色量小。若色彩的明度、纯度不变，其对比关系将随着它们之间的面积变化而变化。色彩面积大小对人的视觉效果是不同的。如面积相同的红、绿色并置在一起时，给人的视觉是均衡的、稳定的。若在大面积的绿色背景上配置小面积的红色，则产生强烈的刺激性，如俗话说的"万绿丛中一点红"，能起到引人注目、突出重点的作用。

在工业产品色彩设计中，色彩的面积应有主次之分，以一色为主时，其面积应占主导，另一色的面积次之，这样主次分明，方能获得较好的视觉效果。

如图 4-23 所示为一艘豪华邮轮。邮轮的造型美观大方，总体平衡，色彩设计以白色为主调，与深蓝色大海形成强烈对比，视觉效果好。更突出的是邮轮尾部凸起部分色彩设计为红色，与白色邮轮形成了强对比，使邮轮更显眼、醒目。

图 4-23　豪华邮轮

2）连续对比

人们观察某一种色彩后，接着再观察第 2 种色彩时，后看到的色彩将受到前者的影响，其色调在视觉上也会产生变化，这种现象称为"连续对比"。

例如，将一张彩色纸放在白纸上，注视 1 min 后，把彩纸移开，就会发现在原来放彩纸的地方，好像有一个与原来彩纸形状相同而色相不同的虚影。这就是连续对比所产生的现象。因长时间注视某一种色彩，使视神经受刺激产生疲劳，为了消除疲劳，眼睛会自动产生所视色彩的互补色，以达到视觉平衡。

这种现象在日常生活中也常碰到，如先看红色，再看绿色，就会感到绿色中有少量红色。

图 4-24 为四轴液压冲压机冲压钢板成型，整台机床主色调呈绿色，机床中部冲压部件色调采用白色，白色和绿色为对比色，设计者又在白色下边设计了橙红色带，此二色为对比色，当机床工作时，橙红色带起警戒线作用。

图 4-24　冲床

如图 4-25 所示为 CK6140 车床，其功能可以加工轴类零件、盘类零件、加工螺纹，可以钻孔、外圆和内圆零件的外端面等。车床由两个部分组成，车床主体和底座（下部），左边是减速箱和主轴，右边是尾架。主轴和尾架的连线在同一条水平线上，被加工的工件

图 4-25　精密车床

夹在主轴的三爪卡盘上。若是长条形零件，还需用尾架的顶尖顶好。在中间的部件，如刀架，用下部丝杠螺母传动，带动其做左右水平移动，进行加工。上部有照明灯，操作面板在右上角。

车床造型以平面为主，动力来源是电源供电，车床的刚性好，色彩设计上灰下黑，底座重，上轻下重，稳定性好，安全可靠。

车床重量：2200 kg，车床总高 1800 mm，加工零件最大直径 Φ220 mm。

如图 4-26 所示为 Z3060 摇臂钻床。摇臂钻床的主要功能是在机械零件上钻大小不同的圆孔，最大钻孔直径铸铁 60 mm，钢件 55 mm。钻床可分四大部分，即下部底座，左边为立柱，立柱上装的水平件称摇臂，在摇臂上装有主轴箱和主轴。立柱装在底座的孔里，立柱不动，摇臂装在立柱上，可以上下移动或转动。动力来源是立柱顶底电机。主轴箱装在摇臂导轨上，可以左右水平移动。主轴的转动动力来自主轴箱上的电机，钻头装在主轴的孔内。开始加工时，人手转动主轴箱前的手轮，即可钻孔。造型设计为平面立体构型，刚劲有力，色彩设计为黑灰调，黄色为警戒色，有稳定感、安全可靠。操作面板在主轴箱上。

图 4-26   Z3060 摇臂钻床

2. 色彩的调和

色彩调和是指具有某种秩序的色彩组合。

色彩调和的目的是解决诸多色彩之间的内在联系，调和是解决多种色彩之间的矛盾，以实现协调和统一。调和与对比是事物的两个方面，有对比才谈得上调和，它们往往同时存在，但在产品的色彩设计中调和应是主要的，有了调和才能体现统一。

色彩的组合方式有两种：在统一中求变化，称为类似调和；在变化中求统一，成为对比调和。

（1）类似调和

类似调和的实质是指色彩对比时，使色彩的三要素中有一个或两个要素相同或类似，以达到协调、统一的目的。

类似调和有明度调和、纯度调和、色相调和及混入同一色的调和。

在上述调和方法中，色彩两要素相同的调和比一个要素相同的调和显得更协调，调和感更强。例如，红与绿，色相不同，如果改变其明度和纯度，使其变成浅粉红和淡绿，即可取得良好的调和效果。

（2）对比调和

对比调和以变化为主，它是通过色彩三要素的差异来实现的。为了使色彩对比不过于强烈，必须在变化中求统一。如果色相呈对比，就得在明度和纯度中求统一；反之，若纯度和明度呈对比，就应利用相同或类似的色相来求得统一和变化的对比调和。

对比强烈时的调和方法：

① 两对比色相互按一定比例加入对方，以缩小两色的差别，达到调和。

② 同时加入白色或黑色，改变明度，降低纯度，削弱对比，增强同一性，达到调和效果。

③ 同时加入灰色，降低明度和纯度，减小对比，使之调和。

④ 两对比色同时加入另一色相，改变色相，增强共同因素，达到调和。

另外，在对比强烈的色彩之间加入若干渐变的层次，或把白、灰、黑及光泽色（金、银等）置于两对比色之间，起过渡作用，都能起到调和的效果。

色彩的对比与调和是矛盾的两个方面，调和过分，则缺乏变化，会感到单调、贫乏；对比过分，则缺乏统一，会感到零乱、不协调。因而，恰当地运用色彩的对比与调和关系，对于在色彩设计中达到色彩美的艺术效果来说，是极其重要的。

如图 4-27 所示是某色彩设计专家的两幅色彩艺术作品，它对色彩的对比、调和做了很巧妙的结合，杂而不乱，很有艺术感。只要读者仔细地构思和想象，便可知晓作者用心的良苦。读者能否在图（a）中发现其中有几人，在图（b）中发现有几人，他们在干什么？

（a）　　　　　　　　　　　　（b）

图 4-27　色彩艺术作品

4.4　色彩的感情与应用

不同的色彩对人类的生理和心理会产生不同的作用，这种作用是因人类长期的生活经验的积累和对周围大自然的景物以及各种环境等产生的联想，随着年龄、性别、文化程度、民族习惯及个人爱好的差异而形成的。但共同的社会条件和生活环境，也会使色彩具有一般性的共同感情。当我们设计用色时，应根据一般人对色彩的感情效果去选择色彩。

1. 色彩的感情

（1）色彩的冷暖感

色彩冷暖感的产生，主要是由于人类在观察各类色彩时，引起对客观事物和生活经验的联想。如看到红、橙、黄等色，会使人联想到红太阳、炉火，使人感到温暖，从而与暖热的概念联系起来，因此称这些色为暖色。当看到蓝色或蓝绿色，就联想到海洋、冰雪，就与清冷的概念相联系，因而称蓝、蓝绿色为冷色。

不仅有色彩会给人冷暖的感觉，就是无色彩也会给人不同的感觉，像白色及明亮的灰色也给人以寒冷的感受；而暗灰及黑色相比前者给人以较温暖的感受。

可见，冷暖感的概念是相对的，如紫色比红色冷，而与蓝色相比，则紫色又较暖。

色彩冷暖比较次序如表4-3所示。

表4-3　色彩冷暖比较

色相	暖→冷
红	朱红、大红、深红、玫瑰红
黄	深黄、中黄、淡黄、柠檬黄
绿	草绿、淡绿、深绿、粉绿、翠绿
蓝	群青、钴蓝、湖蓝、普蓝

了解了色彩的冷暖感，在进行产品色彩设计时，就应根据产品的功能和使用环境等条件，选择冷暖不同的色彩。如在热带或高温条件下工作的环境宜选用冷色，而在寒带或低温条件下工作的环境宜选用暖色，以适应和平衡人们的心理和生理特点。

图4-28为北京城铁的模型图，色彩设计很美观大方，整体色彩设计为中性调。当城铁运行时，请观察色彩的改变。

图4-28　未来北京城铁的造型模型

（2）色彩的轻重感

明度不同的色彩对人们的心理会产生不同的轻重感。色彩的轻重感与明度和纯度有关，一般明度高，感觉轻；明度低，感觉重。纯度高显暖色有重感，纯度低显冷色有轻感。

在产品的色彩设计中，对于要求增强稳定感的，则应上轻下重，这时产品下部应涂以重感色（一般为深暗色）。对于要求体现轻巧的产品，则应选明调的色彩或在下部适当位置配置淡色或明度较高的色调。

如图 4-29 所示的豪华邮轮体积较大，重量也大，但航行在大海中就像沧海中的一叶。为了醒目安全，在色彩方面把邮轮整体的色彩设计为白色，因为白色属于膨胀色而且明度高，所以有增大船体的视觉效果，使船体的重量视觉上有所减轻又易于与蓝色的海水区分，对安全也有利。为了使邮轮的视觉航行稳定性好，在船体的下半部把邮轮的色彩设计为浅蓝色，其视觉上有重感，平衡了邮轮上部白色给人的不稳定的感觉，这样整体上的视觉效果是上轻下重，船的稳定性好，而且安全。

图 4-29　豪华邮轮

如图 4-30 所示是一架白色的无人机，白色视觉效果上重量有所减轻，该机正在飞行拍照。

图 4-30　无人机

如图4-31所示是一辆大型客车，其车长要比一般公交车长得多，可以说是一辆庞然大物，体重非凡。然而设计者对车的色彩设计采用了以白色为主调，在视觉上白色轻快，车的重量有减轻感。设计者又在车厢下边设计了一条枣红色水平带，在车运行时，可使观察者感到车很平稳。为了整车不致使人感到死板，设计者又在车身的两侧画了两条水平曲线，好像波浪一样流动，这样客车的视觉效果就轻巧又安全。

图4-31　大型客车

（3）色彩的远近感

在同一画面上或同一产品上，不同的色彩会使人感到有的色在前，有的色在后，即有的有近感，有的有远感。一般暖色、明度高的有近感；而冷色、明度低的有远感。色彩的远近感与画面的底色和产品的主色调有关。在深底色上远近感决定于色彩的明度和冷暖；在浅底色上的远近感决定于色彩的明度；在灰底色上则取决于色彩的纯度。

色彩的远近次序举例，如表4-4所示。

表4-4　色彩的远近次序

背景色	近→远
黑色	白、黄、橙、浅绿、红、蓝、紫
白色	黑、紫、红、浅绿、橙、黄
蓝色	黄、橙、红、绿、黑
灰色	黄、橙、蓝、绿、黑、红

高明度的暖色如橙、黄、白称为近感色，明度低的冷色及一些中性色如蓝、黑、紫、绿为远感色。

在产品设计时，往往利用色彩的近感色来强调重点部位，以引人注目，对次要部分则用远感色，使其隐退。

（4）色彩的胀缩感

在同一画面上或产品上的色彩对比中，有些色彩的轮廓使人有膨胀或缩小之感。一般是明度高和暖色系的色彩有膨胀感，明度低和冷色系的色彩有收缩感。这是由于明亮的部分在人的视网膜上所形成的图像，总有一个光圈包围着，使轮廓产生了扩张，致使观察者有放大之感，这种现象称光渗现象。例如同一个人，穿白色或浅色的衣服，其视觉效果有更丰满之感，而改穿黑色或深暗色的衣服就显得更苗条一些。

由于色彩的胀缩感，在色彩配色时，必须考虑选取适当的尺度关系，以取得面积或体量的等同感。

如图4-32所示是一架侦察无人机，可高空摄像，机体很小，螺旋桨两部，垂直起飞。整机在色彩设计方面采用了黑色无反射光的设计，机体视觉上也缩小了，对方更不易发现。整机材料用质量轻的材料制造。

图4-32　无人机

图4-33为两个尺寸大小相同的平面，图4-33（a）有三个不同明暗、尺寸相同的色圆，图4-33（b）也有三个不同明暗、面积相同的色圆。两图中在视觉效果上有哪个色圆在视觉效果上面积较大？请读者分析为什么。

（a）　　　　　　　　　　　　　（b）

图4-33　色彩的收缩感

如图4-34所示为资生堂Ag+强力消臭止汗喷雾化妆美容产品，有果香味、柠檬味、葡萄味、花香味、无味等，用法简单，每人每天早上喷一次，一整天都是清清爽爽的，一点汗味都没有，色彩设计华丽，人人喜爱。

（5）色彩的软硬感

色彩的软硬感主要与色彩的明度和纯度有关。明亮的色彩感觉软，深暗的色彩感觉硬，高纯度和低纯度的色彩有硬感，而中等纯度的色彩则显得较柔软。

在无彩色中，黑色和白色给人感觉较硬，而灰色则较柔软；在有彩色中，暖色较柔软，冷色较硬，中性的绿色和紫色则柔软。在产品设计时，常常根据功能要求利用色

图4-34　消臭止汗产品

彩的软硬感来体现产品的个性。

如图4-35所示为国产舰载机，造型呈流线形，空气阻力小，机的下部设有两个通气孔，一人驾驶，可侦察发射导弹，色彩呈土黄色，在陆地上可起到保护色的作用。

图 4-35　舰载机

（6）色彩的兴奋与安静感

色彩的兴奋与安静感主要取决于色相和纯度。暖色的红、橙、黄有兴奋感，而冷色的灰性色有安静感，但纯度降低，兴奋感与安静感也随之减弱。

兴奋的色彩使人精力充沛，情绪饱满；而平静色则使人精神集中，冷静沉着。

如图4-36所示为飞虎队战机。飞虎队全称为"中国空军美国志愿援华航空队"，正式名称为美籍志愿大队，创始人是美国飞行教官陈纳德。他以高薪聘请美国飞行人员组成雇佣性的空军大队，在中国云南、缅甸等地对抗日军。飞虎队在中国不到一年的时间里，对反抗日本侵略力量起到很大的作用。美国空军把他们的飞机在外形上精心改造，这是要打心理战。他们把飞机色彩设计为好几种颜色，达到保护色的作用。在机头部分设计成像大海里鲨鱼的头部，巨大的鲨鱼嘴和獠牙利齿，面目狰狞，使飞行队成员个个兴奋异常，一举击败了日军，使其飞机几乎全队覆灭，坠落于山谷之中。

图 4-36　飞虎队战机

图 4-37 为平稳又高速的高铁，其色彩设计为银灰色，且与周围环境有强烈的对比，乘客以愉快和平静的心态享受大自然的风光，感受祖国的伟大。

图 4-37　中国高铁

如图 4-38 所示为概念车效果图，造型设计上主要考虑跑车速度较高，所以整车高度不高，空气阻力减小，车轮结构强度好，采用了防止事故、紧张、兴奋等因素，色彩设计选用警戒色红色，醒目。

图 4-38　概念车

如图 4-39 所示为一般家用汽车，造型匀称大方，色彩设计采用了纯白为主色，白色有放大视觉的效果，明亮、清晰、干净、利索，红灯又点缀了白车。

图 4-39　一般家用汽车

2. 色彩的联想与象征

所谓色彩的联想是指人们观察色彩时，往往想到与某种色彩相联系的某些事物，如自然环境现象、人的某些传统风俗习惯、事物在心理上的反应和感受等，可以认为该色彩成为该事物的联想和象征，由于这种感觉而引起的一种心理现象。因此色彩的联想与象征是由大自然的客观现实、过去的经验、记忆和知识所引起的。因为人的年龄、性格、性别、经历、民族习惯等不同而不同，但也有共同之处。

色彩的联想可分为具体的与抽象的。大多数人在幼年时，容易联想到身边的动、植物或大自然的景象；对成年人来说，由于进入社会，有了一定的生活经验和知识，则抽象的联想较多，见表4-5。

表4-5　典型颜色及其具体联想

颜色	具体联想	抽象联想
	血、夕阳、火、红旗	热情、危险、兴奋、热烈、激情、喜庆、高贵、奋进等
	太阳的光辉、黄金、黄菊	明亮、娇美、纯洁、灿烂、辉煌、希望、愉悦、动感、智慧、骄傲、财富
	晚霞、秋叶、金色的秋天、丰硕的果实	温情、积极、愉快、激情、活跃、热情、精神、活泼、甜美
	海洋、蓝天	舒适、和平、新鲜、青春、希望、安宁、温和、理想
	草木、森林、春天、初生的生命	沉静、温和、希望、生命
	变幻的阳光、美丽的花朵、明灭的灯光	高贵、神秘、优雅、豪华、思念、悲哀、温柔、女性
	麻、木材、竹片、软木、咖啡、茶、麦类等	浓郁、高贵

上述色彩的象征在工业、军事、交通、卫生等部门广泛应用。例如，机床、仪表上的指示灯及交通信号灯，以红色表示"禁止"，因它的光波长，传播最远，对人的视觉和心理刺激也最强烈。黄色表示"注意""小心"。橙色既醒目又有较强刺激，常用于预告危险，作为"警戒色"。绿色表示"运行正常""安全"，因绿色对人的视觉刺激最小，给人以舒服的感觉。

图4-40是北京出租汽车公司的汽车，它的汽车色彩设计有6~7个系列、不同的色彩。图中共选了五种色彩系列，大家可以用眼睛区分出来，比较明显。请读者仔细分析，五辆汽车在色彩上有什么共同点，为什么？笔者认为北京出租汽车色彩设计得很好，也很漂亮，很有特色。虽然各人审美观点不同，但总有喜欢的一种。

图 4-40 北京出租汽车公司的汽车

3. 各国喜爱与禁忌的色彩

由于世界各国的文化教育、风俗习惯、宗教信仰等因素不同，某种色彩在某一国家或地区是受欢迎的，象征吉祥，而在另一个国家是消极的，禁忌的。因此，在产品色彩设计中，必须了解各国人们对色彩的好恶。下面介绍部分国家和地区的人民对色彩的喜爱和禁忌，见表4-6。

表 4-6 部分国家与地区对颜色的喜爱与禁忌

洲别	国家与地区	喜　爱	禁　忌
亚洲	印　　　度	绿、橙、红、黄、蓝、鲜艳色	黑、白、淡色
	日　　　本	柔和色调、金、银、白、紫、金银相间、红白相间的色	黑、深灰、黑白相间
	港 澳 地 区	红、绿、黄、鲜艳色	黑、灰
	韩　　　国	红、绿、黄、鲜艳色	黑、灰
	新 加 坡	红、红白相间、红金相间	黄、黑
	缅　　　甸	红、黄、鲜明色	
	巴 基 斯 坦	绿、银、金、橙、鲜艳色	黑
	印度尼西亚	红、绿、黄	
	泰　　　国	鲜艳色	黑
	马 来 西 亚	红、橙、金、鲜艳色	黑
	菲 律 宾	红、黄、白、鲜明色	
	阿 富 汗	红、绿	
	斯 里 兰 卡	红、绿	
	叙 利 亚	青蓝、绿、白、红	黄
	土 耳 其	绿、红、白、鲜艳色	

续表

洲别	国家与地区	喜　爱	禁　忌
亚洲	伊　　　朗 沙特阿拉伯 伊　拉　克 科　威　特 巴　　林 也　　门 阿　　曼	绿、深蓝与红相间、白	粉红、紫、黄
非洲	埃　　及	绿、红、青绿、浅蓝、明显色	深蓝、紫
	摩　洛　哥	红、绿、黑、鲜艳色	白
	突　尼　斯	信仰伊斯兰的喜绿、白、红；犹太人喜白色	
	多　　哥	白、绿、紫	红、黄、黑
	乍　　得	白、粉红、黄	黑、红
	尼日利亚		红、黑
	加　　纳	明亮色	黑
	博茨瓦纳	浅蓝、黑、白、绿	
	贝　　宁		红、黑
	埃塞俄比亚	鲜艳明亮色	黑
	象牙海岸		暗淡色、黑白相间色
	塞拉里昂	红	黑
	利比里亚	鲜艳色	黑
	利　比　亚	绿	
	马达加斯加	鲜明色	黑
	毛里塔尼亚	绿、黄、浅淡色	
	南　　非	红、白、蓝	
	东　　非	白、粉红、水色、天蓝	
	西　　非	红、绿蓝、藏蓝、黑	
欧洲	罗马尼亚	白、红、绿、黄	黑
	意　大　利	浓红、绿、茶、蓝、黑、鲜艳色	紫
	德　　国	鲜艳色、金黑相间的颜色	茶、红、深蓝
	斯洛伐克	红、白、蓝	黑
	瑞　　典	黑、绿、黄	蓝
	奥　地　利	绿	
	希　　腊	黄、绿、蓝	黑
	丹　　麦	红、白、蓝	
	爱　尔　兰	绿	
	瑞　　士	红、黄、蓝、红白相间、浓淡相间	黑
	挪　　威	红、蓝、绿、鲜明色	
	保加利亚	绿（较沉着的）	鲜明绿、鲜明色
	西　班　牙	黑	
	荷　　兰	橙、蓝	
	北　　欧	白、红、绿、蓝、鲜艳色	
	法　　国	灰、女孩爱粉红色、男孩爱蓝色	墨绿
	比　利　时	灰、女孩爱粉红色、男孩爱蓝色	墨绿
	英　　国	蓝、金黄	红
北美洲	美　　国	（无特殊喜爱）	（无特别禁忌）
	加　拿　大	素静色	

洲别	国家与地区	喜　　爱	禁　　忌
拉丁美洲	巴　　　西		紫、黄、暗茶色
	墨　西　哥	红、白、绿	
	古　　　巴	鲜明色	
	阿　根　廷	黄、绿、红	黑、紫黑相间
	哥伦比亚	明亮的红、蓝、黄	
	圭　亚　那	明亮色	
	尼加拉瓜		蓝、白蓝平行条状色
	秘　　　鲁	红、紫红、黄	
	委内瑞拉	黄	红、绿、茶、白黑
	厄瓜多尔	高原地区喜暗色、沿海喜白色、农民喜鲜明色	
	巴　拉　圭	明朗色	

4.5　工业产品的色彩设计

工业产品的色彩设计与绘画等艺术作品的要求不同，前者要受到人 - 机工程方面要求。因而，对产品的色彩设计应是美观、大方、协调、柔和、安全等，既符合产品的功能要求、人 - 机工程学要求，又满足人们的审美要求。

1. 工业产品配色的基本原则

1）总体色调的选择

色调是指色彩配置的总倾向、总效果。任何产品的配色均应有主色调和辅助色，只有这样，才能使产品的色彩既有统一又有变化。当色彩单一时，则要求装饰性越强，避免单调之感，反之则杂乱，难于统一。工业产品的主色调以 1~2 色为佳，当主色调确定后，其他的辅助色应与主色调相协调。

色调的种类很多，不同的色调对人的生理和心理产生不同的作用。例如，

明色调：明快、亲切

暗色调：庄重、朴素、压抑

暖色调：温暖、热情、亲切

冷色调：清凉、沉静

红色调：兴奋、热情、刺激

黄色调：明快、温暖、柔和

橙色调：兴奋、温暖、烦躁

蓝色调：寒冷、清静、深远

紫色调：华丽、娇艳、忧郁

因此，色调的选择应满足下列要求：

（1）满足产品功能要求

每一产品都具有其自身的功能特点，在选择产品色调时，应首先考虑满足产品功能的要求，使色调与功能统一，以利产品功能的发挥。如军用车辆采用草绿色或迷彩色，医疗

器械采用乳白色或浅灰色，制冷设备采用冷色，消防车采用红色，机器人采用"警戒色"。

如图4-41所示为大型液压汽车起重机，该机工作时有危险性，安全问题很重要。在色彩设计时主色调为黄色，吊臂色彩为红色设计，底部为黑色，视觉效果上轻下重，黄色属近感色，明度高，易引人注意。不仅这样，在工作时还在车的两侧设计了4个辅助支撑，以保安全。吊臂可以伸缩，以满足吊物所需要的高度而定。工作时，工作人员可在后面的操纵室操作。吊物一般是大型重物，需要移动，整车共装有12个车轮，以保证安全。吊钩也很重要，吊钩设计了红黑相间的条纹，引人注意以免伤人。

图 4-41　液压汽车起重机的色彩设计

（2）满足人-机协调的要求

产品色调的选择应使人们使用时感到亲切、舒适、安全、愉快和美的享受，满足人们的精神要求，从而提高工效。例如，机械设备与人较贴近，色调应是对人无刺激的明度较高、纯度较低的色彩，才有利于操作者精神集中，有安全感，不易失误，提高效率。因此选择的色调应有利于人-机协调的要求。图4-42显示为床上吸尘器，内部装有电池。

图 4-42　床上吸尘器

（3）适应时代对色彩的要求

不同的时代，人们的审美标准不同。例如,20世纪50年代，色彩倾向暗、冷单一的色，60年代逐渐由暗向明，由冷向暖，由单一到两套色或多色方向发展，而21世纪工业产品的色彩则向偏暖、偏明、偏亮的方向发展，多用黄色、蓝色、绿色、橙红色，使产品具有更加旺盛的生命力。为此，必须预测人们在不同的时代对某种色彩的偏爱和倾向，使产品的色彩满足人们对色彩的爱好，赶上时代的要求，使产品受到人们的欢迎。

图4-43是一辆双层公交车，体积较大，在色彩设计上整台车身呈暖色调，色彩鲜艳华丽流畅，没有杂乱之感。

2）重点部位的配色

当主色调确定后，为了强调某一重要部分或克服色彩平铺直叙、单调，可将某个色进行重点配置，以获得生动活泼、画龙点睛的艺术效果。工业产品的重点配色，常用于重要的开关、引人注目的运动部件和商标、厂标等。

重点部位配色的原则：

① 选用比其他色调更强烈的色彩；

② 选用与主色调相对比的色彩；

③ 应用在较小的面积上；

④ 应考虑整体色彩的视觉平衡效果。

如图4-44所示是架小型无人机，结构简单，造型轻巧，色彩设计为黑色，起飞至高空时起保护色的作用。机头下是摄像机。该机上装有4根圆管，每根管子装有一对旋翼，共有旋翼8个，大大地提高了螺旋桨的负重和飞行速度。无人机顶部装有遥控接收天线。

图4-43　双层公交车　　　　　　　　　　　图4-44　无人机

3）配色的易辨度

易辨度又称视认度，是指背景色（即底色）与图形色或产品色与环境色相配置时，对图形或产品的辨认程度。易辨度的高低取决于两者之间的明度对比。明度差异大，即反差大，容易分辨，易辨度高；反之，则易辨度低。

经科学测量，同一种色彩与另一种色彩配置时，其易辨度是不同的。如表4-7和表4-8所示。

表 4-7　清晰的配色

顺序	1	2	3	4	5	6	7	8	9	10
背景色	黑	黄	黑	紫	紫	蓝	绿	白	黑	黄
图形色	黄	黑	白	黄	白	白	白	黑	绿	蓝

表 4-8　模糊的配色

顺序	1	2	3	4	5	6	7	8	9	10
背景色	黄	白	红	红	黑	紫	灰	红	绿	黑
图形色	白	黄	绿	蓝	紫	黑	绿	紫	红	蓝

对仪器、仪表、操纵台等的色彩设计，易辨度的优劣，将对安全而准确的操作、提高工效以及精神上的享受都有很大影响。

4）配色与光源的关系

不同的光源所呈现的色光也不同。例如，

① 太阳光：呈白色光；

② 白炽灯：呈黄色光；

③ 荧光灯：呈蓝色光。

产品有其本身的固有色，但被不同的光源照射时，所呈现的色彩效果各不相同，因此在配色时，应考虑不同的光源对配色的影响（表 4-9）。

表 4-9　不同光源对配色的影响

配色	对配色的影响			
	冷光荧光灯	3500K 白光荧光灯	柔白光荧光灯	节能灯
暖色（红、橙黄）	能使暖色冲淡或使之带灰色	能使暖色暗淡、对浅淡的色彩及淡黄色会使之稍带黄绿色	能使鲜艳的色彩（暖色或冷色）更为有力	加重所有暖色使之更鲜明
冷色（蓝、绿和黄绿）	能使冷色中的黄色及绿色成分加重	能使冷色带灰色，并使冷色中的绿色成分加强	能使浅色彩和浅蓝等冲淡，使蓝色及紫色罩上一层粉红色	使一切淡色冷色更为偏冷

由表 4-9 可见，只有当色光与所配置的色相吻合时，才能使所配的颜色达到设计的要求。故在色彩设计时，应考虑光源色对产品固有色的影响，以达到配色的预想效果。

5）配色与材料、工艺、表面肌理的关系

相同色彩的材料，采用不同的加工工艺（抛光、喷砂、电化处理等）所产生的质感效果是不同的。如电视机、录音机等的机壳虽色彩一样都是工程塑料（ABS），但由于表面肌理有的是有颗粒的，有的是条状的或表面平整有光泽的等，它们所获得的色质效果是不同的。又如机械设备，根据功能和工艺的要求，对某些部件可采用表现金属本身特有的光泽，既显示了金属制品的个性和光泽美，也丰富了色彩的变化。

因此，在产品配色时，只要恰当地处理配色与功能、材料、工艺、表面肌理等之间的关系，就能获得更加丰富多变的配色效果。

如图 4-45 所示是餐厅智能机器人，正在两手端着盘子给顾客送食品，机器人可识别桌号和座号，自己行走。机器人身上装有传感器，行走时如遇到桌、椅或墙壁时，它会自动停止或拐弯。它的服装设计鲜艳，表面光滑，姿态可亲，可以对话，有问必答，但必须是与吃喝有关的问题。

图 4-45　餐厅智能机器人

2. 工业产品色彩设计的一般原则

1）仪器、仪表、控制台的色彩设计

仪器、仪表及控制台的色彩设计实际上就是对外壳和面板的色彩设计。

（1）面板

面板是仪器、仪表的脸面，是与人经常接触的部分，面板色彩的优劣，不仅对功能的发挥，而且对外观造型都有很大的影响。

一般在面板上有很多元器件，如表头、指示器、显示器、旋钮、按键、文字、符号等。操作者要经常注视面板，并进行操作。因此，选择色彩时，要求面板的色彩素雅无刺激，使人感到亲切、易辨度高。故面板的色彩宜采用与元器件有一定明度对比的柔和较暗的色调，一般多用单色调。只有当面板的面积较大、元器件较多时，才用二套色或用不同色块、线框来区分不同功能的元器件。

（2）外壳（或机箱柜）

仪器、仪表一般结构小巧，精度较高，因此外壳的色彩应有利于体现功能、结构的特点。一般外壳的色彩宜采用明度较高、纯度较低的表面无光或亚光偏暖色或中性色调，给人以精巧轻盈、明快、亲切的感觉。

2）机床类设备的色彩设计

机床产品种类繁多，大小不一，但机床设备一般都是固定安置，与人贴近，接触时间长。因此，色彩不宜对人有刺激，使人感到烦躁不安，而应有利于使操作者心情愉快、精神饱满、思想集中、安全操作。对中小型机械设备进行色彩设计时宜采用明度较高、纯度较低的中性色或偏暖的色彩，如淡雅的绿色、浅蓝色、奶白、淡黄色等，使人感到精密、亲切、心情舒畅、工作效率高。如图 4-46 所示是一台车床，其形体为长立方体，又采用浅蓝色为主色调，主车箱在左，尾架在右，刀架在中间，操作面板在主轴箱上，底座稳定，造型大方。

如图 4-47 所示为一台立铣床，铣床高与长比例合适，中上部是主轴、刀具部件，可以上下移动，主轴下方是工作台，被加工的工件固定在工作台上，工作台可左右移动，刀具旋转和下行，工作台左右移动就可以加工了。铣床右边悬挂的白色操作面板，醒目方便，造型均衡，工作状态平稳，安全可靠，色彩设计呈蓝色，稳重大方无刺激性。

 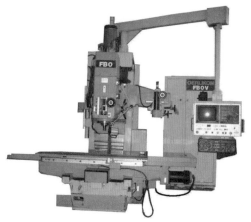

图 4-46　车床　　　　　　　　　　　　　　　　　　　图 4-47　立式铣床

3）运输工具的色彩设计

（1）汽车

汽车的速度较快，为了行人安全，引人注意，减少车祸，并给乘客以安全、平稳、亲切的感觉，其色彩宜选用明度较高的暖色或中性色。

对于大型客车，因体积大，采用单一色显得单调乏味，因此常用色带进行装饰，一方面可使色彩丰富多变，另一方面也增加了稳定、安全的视觉效果。

小轿车的色彩一般多采用单色和应用明线或暗线进行装饰。一般小汽车采用暗线（即凹线），由于光影效果，使单一的色彩有明暗的变化，让人感到色彩柔和大方。

如图 4-48 所示为大型双层公交车，总体造型均衡，车底盘很低，重心下降，平稳安全，整辆车主色调为红色，配以广告，色彩协调。

图 4-48　大型双层公交车

图 4-49 是一辆黑色小车，整车比例合适，车上部曲面与尾部车头过渡流畅，车窗与整车协调，车窗玻璃采用了白金属包边装饰，有高贵感，车下装饰了一条白色金属镶条，首尾相连，整车视觉效果安全平稳。车尾红灯有"万绿丛中一点红"之感。

图 4-49　黑色小轿车

注：对白色小汽车的探讨。

汽车一般色彩的设计，基本上是根据汽车的使用功能来确定的。救护车一般采用白色为主调，并有"红十字"标志；公安用车也采用白色为主调，表意清白、公平，并标有"特别通行"标志；法院用车也以白色为主调，含义也表清白、公平之意；机关单位用车大多以黑色为主。据市场调查，2015年以来国内汽车尤其是私人用车的品牌和色彩更加丰富多彩，尤其是白色和银白色的小车突出得多，市面马路上观察也是如此。究其原因，纯白色和银白色有它的优点：纯洁、明亮、轻灵、平静、柔和、温和、洁白、高贵等特点，得到人们的青睐，见图4-50。

（a）

（b）

图 4-50　某居民区停放的小汽车

据市场调查了解，虽然都是白色油漆，但它们也分好几等，有的白色油漆价格相当高，当然也很漂亮。网上也有类似报道，说美国白色汽车也很多。据美国专家讨论，白色小车有安全感，因为小偷的心是黑的，他看见白色很可怕，所以心理矛盾很大，他不敢偷；又因白色汽车与小偷和周围环境色反差大，容易暴露，所以小偷也不敢下手；还有公安局的专用车是白色，小偷在心里一看见白色小车就有恐惧感，不敢作案等。这些解释都有道理，有的理由也不易讲清楚。可以讲人的审美爱好各自不同，但大体上还是一致的。不论何种说法和解释，各有千秋，关键的一点是每个人对自己的爱车都要有防范意识，比如把车停在停车场，你就可以放心地办事去了，什么问题都解决了。

（2）工程机械与拖拉机

这一类设备行驶速度较慢，工作场地又较杂乱，安全因素尤为重要。色彩设计时应考虑选用鲜艳类色彩，一般多用橘黄、橘红、朱红、棕黄等色彩，有时也用近感色如米黄色。

如图 4-51 所示为智能机器人挖掘机，可以前进或后退行走，挖掘土方、砖、石头、沙子等，传动用液压传动，挖头动作灵活，履带行走，重心很低，稳定性好，主体色彩采用深黄色，为警戒色，底盘为黑色调，上轻下重，安全、可靠。

图 4-52 所示为农用拖拉机，小巧玲珑，主色为大红色，工作在田野，色彩艳丽，好似"万绿丛中一点红"。

图 4-51　智能机器人挖掘机

图 4-52　农用拖拉机

如图 4-53 所示是东方红四轮驱动的柴油拖拉机，后轮驱动，牵引力大，可用于工厂、仓库、机场、农场的运输工作，也可用于收割、播种、施肥等。拖拉机的液压转向、液压制动系统操作轻便灵活，可减轻驾驶员的工作强度，整体结构强度好，稳定性好。四轮轮胎采用人字形造型，防滑性强。色彩设计为主色调呈红色，鲜艳夺目，安全性好，整体造型美观大方。

图 4-53　东方红四轮驱动的柴油拖拉机

（3）飞艇

如图4-54所示为德国"兴登号"飞艇，身长245 m，航程805 m，航行高度约305 m。该飞艇内部装有金属骨架，骨架里面装有几个气囊，最外层的材料是纤维层。对于小型飞艇，一般不设计骨架。对于所有的飞艇，在腹部都装有一艘狭长的平底船。在飞艇的内部充满氦气，飞行的引擎固定在飞艇外部的框架上。在飞艇的下部，装有一艘封闭而有窗户的小船，内有十几个座椅的驾驶舱，飞行员和乘客可坐在里面，大家可以同时享受无与伦比的飞行快感。

飞艇飞行的动力来自它的发动机，飞艇尾部有尾翼，飞艇的两侧各装有一个螺旋桨，控制飞行的方向。

从造型设计方面考虑，飞艇呈流线形，空气阻力很小，色彩设计呈白色，在蓝天下更显轻巧。在两侧有蓝色水平装饰带，在飞艇飞行时显得平稳。总体而言，造型美观圆润。

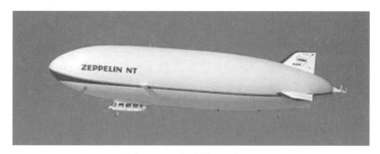

图4-54 "兴登号"飞艇

（4）船舶

为了使运行的船舶在一望无边的海洋中能清楚地看见对方，一般采用明度较高的中性色或偏冷色，使之与江河湖海的自然景色协调，现在也有的用二套色和配置色带的处理方法，如上浅下暗或中间配置色带。

如图4-55所示是全球最大的邮轮之一的"海洋魅力号"，邮轮长度360 m，宽度65 m，载客6292人，服务人员2165人，甲板楼层16层，邮轮吨位20 000 t。该邮轮是豪华邮轮，造型均衡，色彩主色调为白色，航行于大海色彩显得明快。甲板下设计一条蓝色水平彩带，视觉效果有平稳、安全感。既是一个庞然大物，但又是沧海中之一叶。

图4-55 "海洋魅力号"邮轮

　　如图 4-56 所示为清华大学校内校园车。此车是由清华校友捐赠的，分时点在校内环行，为校内外人员解决了不少困难，受到大家欢迎。此车属空调车，车内舒适，纯电动车。清华大学的校花是紫荆花，花色紫色，所以此车的色彩设计采用了紫色为主色调，也很漂亮。

图 4-56　清华大学校园车

　　如图 4-57 所示为一台正在工作中的挖掘机，该机由两大部分组成，一部分是机的主体，其移动是下边履带托着，另一部分是挖掘机的长臂和挖头。机体移动靠的动力来自主体内的柴油发动机，长臂工作灵活，由油压活塞运动完成，力量巨大。机座扁平沉重，远远超过长臂工作时的力量。它是一辆大型工程车，造型灵活而稳定，让人感觉平稳可靠，色彩设计采用了黄色，美观大方。

图 4-57　大型挖掘机

　　如图 4-58 所示为一架香港航空公司的大型客机，座舱分上下两层，整体造型呈流线形，光滑，空气阻力很小。动力为四台涡轮机，主色调呈白色，尾部设计为红色，视觉效果前后平衡，整体平稳，美观大方，安全可靠。

图 4-58　大型双层客机

4.6 色 彩 润 饰

1. 色彩润饰

色彩润饰可用水粉、水彩、色粉、油画等，因水粉色彩鲜明，有一定的覆盖能力，比其他方法更富于表现造型物的色质效果，因此应用广泛。现就水粉润饰方法的要点做以下叙述。

（1）由于水粉颜料具有不透明性，因此它的覆盖能力强，但要覆盖前色时，一定要等前色干透后，再用较稠的颜色将其覆盖。

（2）同一水粉颜料干湿不同时，颜色变化较大，湿时颜色较深，干时颜色较浅，因此，初学者最好先试画色样，待干透后，认为符合要求，再正式画到图纸上。

（3）水粉颜料调配时，宜一次调配出足够量的颜料，宁剩勿缺，因前后调配出来的颜色很难完全一致。

（4）在效果图中当要求平直图线时，可将颜料灌入鸭嘴笔中，然后靠尺画出。

（5）水粉颜料调配时，水分要适量。如水分太多，纸易泡胀，出现凹陷或凸起，干后色不均；水分太少，笔涂不动，故水量以笔能涂得动为宜。

（6）几种颜料相配时，一定要调匀后再上色，运笔时要按一定方向，才能使着色均匀。

（7）笔头要清洁，尤其由一色换另一色时，必须将笔头彻底洗净，尤其是毛笔的根部。

2. 效果图着色时应注意的问题

一幅成功的效果图应真实反映产品的色、质感效果。色彩要清新、醒目、突出重点。为此，在效果图着色时，必须处理好产品的色调、虚实关系及背景色等之间的关系。

（1）必须处理好产品的色调。色调处理适宜，能给人协调舒适的感觉，能使画面生动明快，否则易出现杂乱、灰暗、浑浊的视觉。产品的色彩因光射的情况不同和受环境色的影响，产品的固有色将起很大变化。因此，在选择色调时，必须仔细观察分析，处理好产品的固有色、环境色和光源色之间的关系，要掌握产品在不同光照和环境中所形成的色调，这样才能反映产品真实的色质特征。

（2）在着色时，对画面上的各个部分，不能平均对待，应分清主次，对重点部分要仔细刻画，予以突出，这样才能使画面有重点，有虚实感，才能吸引人们对重点部分和产品的注目。

（3）效果图中背景色的处理，对突出主题、丰富画面起着很重要的作用。背景色的选择以衬托产品为原则，一般要与产品的色调有较明显的对比，如采用明度对比、纯度对比等。

3. 几种常用色调的调配

初学者在使用色彩时，常常不知如何调配所需色彩，特介绍几种常用色彩的调配供参考。

驼色：红 4%+ 黑 6%+ 赭石 10%+ 白 80%

棕黄：土黄 10%+ 淡黄 20%+ 赭石 70%+ 少量黑

乳黄：土黄 10%+ 淡黄 8%+ 白 80%+ 赭石 2%

土绿：土黄 10%+ 蓝 5%+ 白 85%

奶油色：白 80%+ 土黄 20% 或白 80%+ 中黄 20%

奶白色：白 90%+ 柠檬黄 10%+ 少量红

咖啡色：赭石 80%+ 黑 20%

银灰色：白 80%+ 深蓝（或群青）15%+ 赭石 5% 或白 80%+ 深蓝 15%+ 黑 5%

　　应多做小面积的实践、试配，总结经验，才能得到满意的答案，要了解量的概念，多少是 10%，多少是 20% 等，结果不满意，再实践。

美 学 法 则

在工业造型设计中，不论是平面图案、标志类的设计，还是立体类的设计，其目的都是力求创造出新的形象。但创造本身并非是任意地、无所依据地创造，而是在满足物质功能和结构特点的前提下依据美学法则进行的。美学法则来源于大自然，并提炼于大自然，它也是人们在造型设计的长期实践中总结出来的规律。如枝叶茂盛的花木，由于自然地及其本能地生长而充满了周围的空间，呈现出了优美而又均衡的形象。人们总结了大自然美的规律，提高到理论上，并给予系统化，以指导人们造型设计的实践。

5.1 美 与 审 美

美是客观事物对人的心理产生的一种好的感受。就造型设计而言，如果某一产品具有美的形态，在人们的视觉上就容易引起诱导，吸引观察者的眼球，同时在观察者的心理上也易于产生愉悦之感，即美感。美感的主要特征是一种赏心悦目的快感。

审美是人们对客观事物美与不美的评论，而审美过程是一种复杂的精神活动，人们在追求美、创造美和评议美的过程中，总是以一定的审美趣味、审美观念和审美的时代感为基础的。因而美与不美都与审美者的美学修养、审美观念和时代性有着密切的关系。今天是美的，明天可能就不称之为美的。但一般来说总有一个共同的看法和标准，美的总归还是美的，它总会被大多数的观察者所承认和接受，其总的标准不会有多大差异，这个标准乃是建立在美学法则的基础上的。

美与审美是不可分割的两个部分，是美学中比较重要的内容。但人们一谈到美学，容易联想到高深的理论，总感到可望而不可即。其实我们每个人每天都要接触到美、创造美和欣赏美，正如高尔基所说的"人人都是艺术家，他无论在什么地方，都希望把'美'带到他的生活中去"。人们日常要接触和使用大量的工业产品，这些产品不仅满足物质功能要求，使用者在使用中也是一种享受，而且也满足精神上的审美要求。这就要求产品既要实用，又要符合美的规律和法则。如果产品的外形美观，就会给人们的生活营造协调的审美气氛，使人们赏心悦目，心情舒畅，还会促进人们培养和提高审美水平，因此美学法则应该是人们审美的主要依据，也是产品造型设计的理论根据。

5.2　美学法则的应用

美学法则是人们观察自然界万事万物，以人的心理、生理、社会实践等方面为基础的，经过长期的探索而归纳总结出来而又被人们普遍公认的基本规律。人们在造型设计的过程中，应该以它为设计的基本理念，但还必须具体情况具体分析，灵活运用，不可生搬硬套，否则很难设计和创造出美的造型。

1. 比例

1）比例的定义

比例指造型对象各个部分之间、局部与整体之间的大小、长短关系，也包括某一部分本身的长、宽、高三者之间量的关系。如果产品的造型比例失调，则视觉效果没有美感。

当然，对产品的比例设计，应该是在满足其功能、结构要求的前提下进行的。

2）黄金分割比例

（1）黄金分割的定义

把某一线段分为两段，分割后的长段与原直线段长度之比等于分割后短段与长段之比。

如图 5-1 所示，线段 AB 被点 C 分割成 AC 和 CB 两段，使这两段满足黄金分割的定义。即

$$\frac{X}{L} = \frac{L-X}{X}$$

解方程

$$X^2 + LX - L^2 = 0$$

$$X = \frac{-L \pm \sqrt{L^2 + 4L^2}}{2} = \frac{-L \pm \sqrt{5L^2}}{2}$$

由于 X 不可能为负数，所以

$$X = \frac{\sqrt{5}-1}{2}L = 0.618L$$

可得

$$\frac{X}{L} = 0.618$$

当 $L=1$ 时，$X=0.618$，说明线段 AB 如按 $X=0.618L$ 的长度分割时，C 点的位置最为理想，分割后的视觉效果具有美感。

黄金分割的作图方法：如图 5-2 所示取某单位长度的线段 AB，求黄金分割点 C。

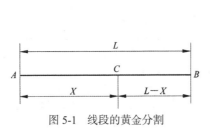

图 5-1　线段的黄金分割

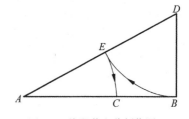

图 5-2　线段黄金分割作图

过点 *B* 作垂线 *BD*，使 *BD*=*AB*/2，连接 *AD*，以 *D* 为圆心，以 *DB* 为半径画弧交 *AD* 于点 *E*；再以 *A* 为圆心，以 *AE* 为半径画弧交 *AB* 于点 *C*，*C* 点即为所求线段 *AB* 的黄金分割点。

（2）黄金矩形及作图方法

当设计矩形产品时，长和宽之间的比例关系可以是各种各样的，但一般是在满足功能和结构等条件下，尽可能使矩形的长和宽之比等于或者接近黄金分割。例如收音机、钟表、桌面、仪器面板、电视机等，大都接近黄金分割，因为黄金矩形的长与宽之比为 1.618，在人们的视觉上认为是比较协调美观的。黄金分割用于汽车设计，见图 5-3。

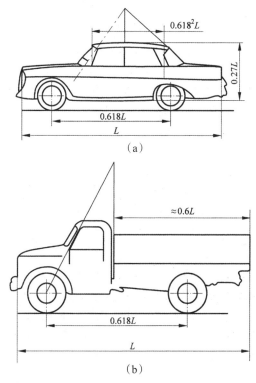

图 5-3　汽车的黄金分割

在图 5-4 中，（a）为黄金矩形，（b）为两个相等的正方形所构成的矩形，（c）为比正方形还稍长一点的矩形。这三种矩形在形态上对比，即可发现图（b）虽然是两个正方形的组合，但长与宽的比值太大，显得太长；图（c）的长与宽的比值趋近于 1，近于正方形，形态显得死板；而（a）的长与宽的比值为 1:0.618，此矩形的长、宽视觉效果美观、活跃、大方。

黄金矩形的作图方法：图 5-5 是在正方形的基础上作出的。方法是求出正方形 *ABCD* 的 *AB* 边的中点 *O*，连接 *OC*，以 *O* 为圆心，以 *OC* 为半径画弧交 *AB* 的延长线于点 *E*，过点 *E* 作线平行于 *AD*，交 *DC* 的延长线于 *F* 点，所得的矩形 *AEFD* 即为所求的黄金矩形。

3）根号矩形

根号矩形又称平方根矩形，其特点是宽与长之比分别为 $1:\sqrt{2}$、$1:\sqrt{3}$、$1:\sqrt{4}$，…。其作图方法如下。

（1）正方形法

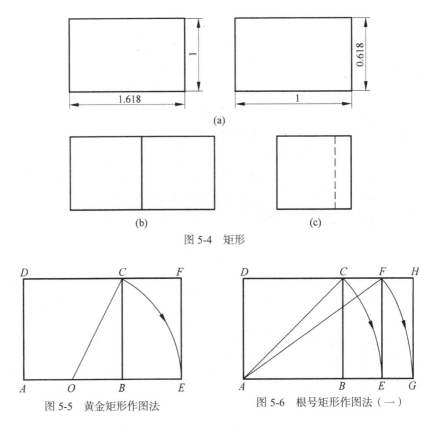

图 5-4　矩形

图 5-5　黄金矩形作图法　　　　图 5-6　根号矩形作图法（一）

如图 5-6 所示，设正方形 *ABCD* 的边长为 1，连接对角线 *AC*，*AC* 的长度为 $\sqrt{2}$ 。以 *A* 为圆心，以 *AC* 为半径画弧，交 *AB* 的延长线于 *E* 点，过 *E* 作线平行 *AD*，并与 *DC* 的延长线交于点 *F*，所得矩形 *AEFD* 为 $1:\sqrt{2}$ 矩形，亦即 $\sqrt{2}$ 矩形。若再以 *A* 为圆心，以 $\sqrt{2}$ 矩形的对角线 *AF* 为半径画弧，交 *AE* 的延长线于 *G* 点，再过 *G* 作线平行 *AD*，并与 *DF* 的延长线交于 *H* 点，四边形 *AGHD* 即为所求 $1:\sqrt{3}$ 矩形，亦即 $\sqrt{3}$ 矩形。依此类推，可得 $\sqrt{4}$ ，$\sqrt{5}$ ，…矩形。

（2）正方形对角线交点法

已知矩形的长边，求作根号矩形。如图 5-7 所示，方法是以矩形的长边为边长，作正方形 *ABCD*，连接对角线 *AC*，以 *A* 为圆心，以 *AB* 为半径画弧交 *AC* 于 *E* 点，过 *E* 点作 *AB* 的平行线 *FG*，所得矩形 *ABGF* 即为 $\sqrt{2}$ 矩形。若连接 $\sqrt{2}$ 矩形的对角线 *AG*，与弧 $\overset{\frown}{BD}$ 交于 *H* 点，过 *H* 点作 *AB* 的平行线 *MN*，所得矩形 *ABNM* 即为 $1:\sqrt{3}$ 矩形。

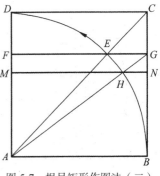

图 5-7　根号矩形作图法（二）

4）相加级数比矩形

相加级数的特点是在级数的数列中，前两项数值之和等于第三项数值。数列为 1，2，3，5，8，13，21，…，它们的级数比为：

$$3:5=1:1.66$$
$$5:8=1:1.6$$
$$8:13=1:1.63$$
$$13:21=1:1.62$$
$$21:34=1:1.61$$

由以上比值的数列可以看出，它们的总趋势是靠近黄金分割比。

5）整体与局部比例设计的原则

一些产品的造型设计是按照立体构成的基本方法，根据功能要求和结构需要，由某些基本单元矩形排列组合而成的。对于毗连或者相互包含的形体设计，可对产品的整体进行矩形分割，如果它们的对角线互相平行或者互相垂直，这样从整体到局部，都保持着相同的或者近似的形状比率，有协调而又统一的视觉效果。如图 5-8～图 5-11 所示。

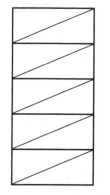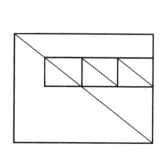

图 5-8 矩形分割和组合

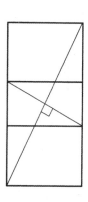

图 5-9 矩形分割

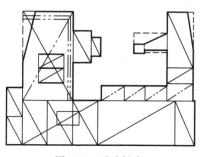

图 5-10 卧式铣床

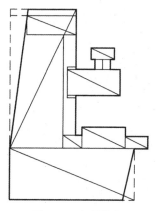

图 5-11 立式铣床

2. 尺度

所谓尺度主要是指造型对象直接和人接触部分尺寸的大小，它是以人体的尺寸作为度量标准的，目的是满足和适应人的生理和心理上的特点，使操作者能够舒适而安全的工作，如产品上的操作手柄、手轮、旋钮等。对于手柄的粗细和长短的造型尺度，应该使操作者在使用中，抓得既舒服又得力，这就要求手柄不能太粗或者太细，当然也不能太长或太短。产品其他部分尺寸的大小，主要取决于产品的功能要求和结构特点。

从人们的心理状态考虑，产品上人经常接触的部分和观察的部分，其尺度的大小一方面要从人 - 机工程方面考虑，另一方面还应从肌理、形态方面考虑，使操作者愿意而又乐于操作，并由此感到一种美的享受，从而也就提高了工作效率。

3. 统一与变化

统一与变化的美学法则是造型设计中比较重要的一个法则，其所涉及的不仅是产品的形态设计，还涉及产品的色彩、线型工艺和装饰等设计。

（1）统一：指产品的外观设计是一个统一的整体，其造型形式、风格等具有一致性，即造型对象的形和色等方面在整体设计上的统一性和一致性，给观察者以整齐划一的美感。

（2）变化：指产品的外观设计虽然在整体上应该尽量统一，但在形和色方面，也应有所差异，以打破过分统一的单调感，使造型对象生动活泼一些，从而引起人们心理上的兴奋感。

处理统一与变化的原则：统一与变化是造型设计中的一对矛盾，但它又是美学法则中很重要的一个方面，可以说它是处理产品的局部与整体达到统一、协调、生动、活泼的手段。应该指出，在处理过程中，不论有多少个因素影响着造型设计，但总归有一个为主，另一个为辅，即统一为主，变化为辅。如果根据此原则进行造型设计，就可获得比较满意的造型效果。因为过分统一，可能导致死板、单调；但如果强调多变，则无主题，视觉效果杂乱。因此，欲正确处理二者之间的关系，应该是在统一中求变化，在变化中求统一；统一为主，变化为辅。如在形的设计中，若以方为主，应该是方中有圆，若以圆为主，应该是圆中寓方。这样，在整体的设计上，既保持了整体形态的统一性，又做到了适度的变化。

实现整体设计达到统一，其基本原则首先应该是产品的功能确定了产品的形和色等，使功能与形和色有着统一的客观效果。反之，如果脱离了功能而单纯地追求形式上的统一，这样的造型设计将不会是优秀的设计。其次是格调的统一，指造型物的各个部分尽可能突出形、色、质等方面的共性，如线型风格的设计，应尽可能取得一致，是以直线为主还是以曲线为主？又如色彩的设计，应体现出主色调的统一，有了主色调，并以辅助色予以适当地装饰美化。像这样的处理方法，即可获得生动活泼的视觉效果。如图 5-12 所示的石英钟外轮廓的线型设计，虽然有所变化，但仍以直线为主。

图 5-13 是一款新式相机，装配在一个非金属的环形带上，可戴在用户的额头上。相机可自动对焦、拍照，只需点击环形带即可拍照。造型统一，但又有局部的变化，美观大方。

图 5-12 石英钟

图 5-13 相机

如图 5-14 所示的鼠标，其外形呈现为一个光滑的曲面体，为了避免单调，在底部和滑轮的色彩设计中采用了黑色设计，使鼠标整体在视觉效果上既统一又有变化，上轻下重，增加了鼠标的稳定感。

图 5-14 鼠标

4. 均衡与稳定

人们在使用工业产品时，在心理上总希望有安全感，因此，在产品的设计中，不论功能和结构是何等的好，首要的问题是要求产品在工作状态时是安全和稳定的，没有危险感。就稳定本身而言，它也是一种美的体现。它与产品的均衡也有直接的联系，在视觉上产品本身造型等方面不均衡将影响稳定性，最终对人在视觉上、心理上必然产生恐惧感。

均衡是一种不对称的平衡，它是视觉上的一种平衡关系，指造型物的前、后、左、右的体量关系，其表现形式可以是等量而不同形，或者是同形而不等量。这里所指的对称，与工程图学中形体的对称含意相同，即指在造型物上的某一方向，假定有一条轴线，将造型物分为等距离的形状相同、大小相等的两个对应部分，符合这种特征者，即认为该物体在这个方向是对称形的。如图 5-15 所示，图（a）为平面磨床的外形图，它的左、右基本是对称形的；图（b）为铣床的外形图，左、右完全是对称形的，也是均衡的。

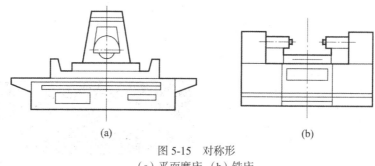

图 5-15　对称形
（a）平面磨床；（b）铣床

图 5-16，此船称"海洋绿洲号"豪华邮轮，吨位 70 000 t，船长 279 m，载客 2076 人，甲板楼层共 11 层，挪威箱船。该船前后基本均衡、对称，航行平稳、安全，是老年人出海旅游美好的选择。色彩设计主色调呈白色，甲板下呈淡蓝色，视觉感受整船上轻下重，安全可靠。

图 5-16　大型豪华邮轮

如图 5-17 所示为无人潜水器，其功能是为"蛟龙号"下海之前打头阵用。其下海底是用绳索吊下入海或直达海底某处，采取有关环境、海底面貌状况、岩石、土壤等样品，传送到海面。其动力是电池，后部有推进器，前面有射灯，为照亮和摄像设计。采样有前面的一对黑色金属钳子，灵活有力。其造型小巧，上轻下重，航行海水阻力小，色彩设计为上部黄色，色彩明快，下部黑色，有重感，总体比较平稳。上升时海面或船上有绳索拉上。

如图 5-18 所示是中国人设计制造的潜海 7000 m 载人"蛟龙号"潜水器。2002 年 6 月，我国科技部正式把 7000 m 载人潜水器列为国家"863"计划重大专题，并正式命名为"蛟龙号"，在国家 702 研究所"蛟龙号"科技创新团队十多年的研发岁月里，从零开始，艰苦奋斗，不怕困难，迎难而上，终于成功研究创新制造出举世瞩目的"蛟龙号"载人潜水器，促进了我国深海装备技术的跨越式发展。这是中国人民的胜利。

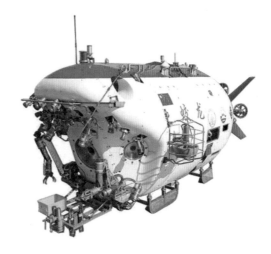

图 5-17　无人潜水器　　　　　　　　图 5-18　"蛟龙号"潜水器

（1）"蛟龙号"的任务

也可讲它的功能：

① 它要运载人员、科学仪器和工具到深海完成海洋地理、海洋生物和海洋化学的任务，可悬浮在海水中或停留在海底，寻找位于崎岖不平海底地形上的某些目标标本；

② 使用水下微型钻孔工具获得钻结壳的芯样，以供科学研究；

③ 探测和寻找热水口，并获得该口的海水温度和压力；

④ 对沉淀物、悬浮生物以及微生物的取样；

⑤ 了解水下的不安全因素和解决方法。

（2）"蛟龙号"的技术指标

最大工作深度是 7000 m，外形尺寸（长 × 宽 × 高）：8.3 m × 3 m × 3.2 m，材料是钛合金，乘员 3 人（潜航员 1 人，科技专家 2 人），能源用电池及供电设备，水下工作时间 12 h，巡航速度最小 1 节，最大速度 2.5 节，功能机械手 1 只，功能开关机械手 1 只，灯光系统共 11 只照明灯，照相机 1 台，摄像机 3 台。

（3）"蛟龙号"的工作情况简介（图 5-18）

"蛟龙号"是一个庞然大物，成曲面流线形，色彩设计主体呈白色，在蓝色的深海中，二者色彩设计为强烈对比，整体上部外色呈红色，非常清新，白色与红色为强对比，整个"蛟龙号"在海水中很易识别。至于外形，有关资料将"蛟龙号"描述为一条鲨鱼。对"蛟龙号"的设计来讲，"蛟龙号"要执行功能和完成任务，在这个条件下，安全可靠是最首要的问题。笔者在展览会上进入到"蛟龙号"，坐在头部驾驶室座椅上，体验观看"蛟龙号"在水下的画面，也很有兴趣。画面的屏幕很清楚，但屏幕的位置好像高了一点，时间长了工作人员的颈部可能不舒服。按照人 - 机工程学的标准，屏幕的位置有讲究，人的视线至屏幕的水平前后距离为 3 m 左右，屏幕的高低位置是人眼水平视线向下倾斜 3° 左右。这样观察者就感觉很舒服，不易疲劳。

"蛟龙号"的工作首先是下潜和上浮，它要在海中静停，还要下潜到海底坐底、前进和后退、爬坡、拐弯、倾斜、微型钻孔取样，这些动作的实现需要尾部的两个螺旋桨根据需要辨别方向。"蛟龙号"在海底采取标本是通过"蛟龙号"头部的两个机械手来实现的，机械手的动力来自电池和液压传动。所以，"蛟龙号"的研制成功并非一朝一夕取得的，十年的研制经历了一次次的失败才走向成功的。如果"蛟龙号"下潜至7000 m的深度，包括起吊回收、上浮下潜、海底工作等，总共耗时12 h。有趣的是，"蛟龙号"再一次实现多次坐底，机械手成功完成了海底插国旗、取小样，潜水器还拍摄了大量的海底照片，录制了数小时的海底生物视频，并成功将两只海参捕获到采样器中。其中一只较大的海参长度达到了250 mm，简直是个奇迹。

图5-19　"蛟龙号"头部

图5-19所示是"蛟龙号"潜水器的正前面（头部），驾驶室在顶上凸起处内部，在驾驶室正面有大屏幕，直接可用摄像头将观察到的情况反映在大屏幕上，根据下海任务，工作人员操作前面的两个机械手，很像螃蟹头部的一双大钳子，采取海底的有关样本，放在前面的金属平板上。

如图5-20所示是中国上海磁悬浮列车，是中国自己开发的高科技新列车。目前世界上只有少数国家使用，运行时列车悬浮在钢轨表面，无摩擦、噪声小、运行高速，悬浮来自磁力。列车造型呈流线形，阻力小、平稳性好，目前全国仅上海在运行，独树一帜。它的造型设计外形呈流线形，色彩呈白色，长度一般，全长设计为四段车厢，列车侧面装饰有一条黑色的水平粗线，以示列车平稳可靠。

图5-20　磁悬浮列车

如图 5-21 所示为儿童用的智能机器人，造型艺术感好，表面光滑，小巧玲珑，有眼睛有嘴，色彩设计主调为白色，脸部为黑色，腰部有黑色条带装饰，通电后眼睛明亮。它可与儿童对话、唱歌、学外语，声音为童声，很受儿童欢迎，是他们的好伙伴。

如图 5-22 所示是美国谷歌公司研制的全自动无人驾驶汽车。在现代化的城市道路上，会出现各种目标，比较复杂，要比高速公路复杂得多。比如，可能同时要对数百个目标保持监测，包括行人，各类汽车，在行驶中的自行车、摩托车，通过马路的老人、小学生，甚至在马路上拐弯的人。对这些目标，是无人驾驶汽车的设计者必须考虑的大问题。谷歌公司的无人驾驶汽车经过了实地行驶、里程数据已达 700 000 mile（1 mile=1.609 km），公司的科技人员使用最新的软件系统及其他各种措施，于 2012 年 5 月 8 日在美国内华达州被允许无人驾驶汽车上路 3 个月之后，机动车驾驶管理处为该车颁发了一张合法车牌。

如图 5-22 所示的汽车实照，车顶上的雷达扫描器发射的 64 束激光射线，碰到汽车周围的物体又反射回来，即可计算出汽车距物体的距离。装在汽车底部的扫描器，可测量出汽车在三个方向上的加速度、角速度的数据，然后结合 GPS 数据计算出当时汽车的位置。这些数据与车载摄像机捕获的图像一起输入计算机软件，以极高的速度（以秒计）处理这些数据，系统即刻高速做出判断。车顶上的雷达用来跟踪附近的物体。

图 5-21 智能机器人　　　　　　图 5-22 谷歌全自动无人驾驶汽车

出于安全方面的考虑，设计者在汽车的后保险杠上装了一个雷达系统。当雷达在汽车的盲点范围检测到物体时，便会发出警报，汽车的挡风玻璃上装有摄像头，可通过分析路面和边界来识别车道标记。如果汽车不小心离开了车道，方向盘会轻微震动来提醒有关系统给予纠正。如果在夜间，可使用两个前灯发送红外光线到前边的路面上，挡风玻璃上的摄像头可以检测红外标记，并在仪表盘上的显示器上呈现出被照亮的图像，其中危险因素会突显出来。挡风玻璃上的两个摄像头，可发现前方路面的三维图像，检测行人所潜在的危险，并预测他们的行动。

其车轮上装有车轮传感器，以测量汽车在穿梭于车流时的速度。以上若干数据来自汽车的上下、前后、左右。车轮经过计算机软件 GPS 和城市交通图等综合信息及数据统计分析，即可解决汽车在行驶中周围所出现的复杂现象，实现汽车无人驾驶。从造型设计角度来看，汽车外形也很漂亮，色彩为银白色，在阳光下夺目、艳丽。

如图 5-23（a）所示为原中国航空工业第一集团公司所研制的 ARJ21 支线客机，A（先进的），R（支线），J（客机），21（21 世纪）。该客机是以低油耗涡扇发动机为动力，航程在 2000 nmile（1 nmile=1.852 km）之内的短航程支线飞机。它拥有支线客机中最宽敞的客舱，具有适用性、舒适性和经济性等特性。该机型将向系列化发展。另外，ARJ21 最大的特点是具有我国自主知识产权，而且是中国制造的自主品牌。它是世界上第一款完全按照中国自己的自然环境来设计的喷气式飞机。此机能适用于中国西部高原高温起落和复杂航路越障的环境。客舱的宽度为 123 in（1 in=2.54 cm），客机采用公务舱和经济舱，货舱高度接近 1 m，为旅客提供了更多的行走空间。ARJ21 支线客机可载客 78~90 位，2016 年 6 月 28 日早上 9 点 15 分，航班号为 EU6679 的 ARJ21-700 飞机搭载了 70 名乘客从成都经过两个半小时飞抵了上海。

从造型设计角度看，乘客和驾驶员都希望有一个很舒适安全的室内环境和空间，所以人 - 机关系非常重要，尤其是飞机的驾驶舱，必须使人 - 机关系协调，驾驶员能有活动的空间，操作自如，视野开阔，操作面板布局合理，操作反应快，适应驾驶员的生理和心理。如图 5-23（b）所示，驾驶舱很整齐、无杂乱感，主驾驶和副驾驶互不干涉，仪器面板排列有条不紊、符合人机工程。

 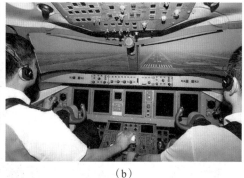

（a）　　　　　　　　　　　　　　　（b）

图 5-23　ARJ21 支线客机及其驾驶舱

ARJ21 客机，外形呈流线形，轮廓流畅，机头和机尾在视觉上基本平衡，色彩设计很好，机身呈白色，机尾为红色，红白二色分界线是一条斜线，视觉效果很好。红白二色对比为强对比，清晰美观大方。

图 5-24 所示 TD220 无人直升机是中航智科技有限公司研制的。它的外形、尺寸如图所示，外形优美，呈流线形。飞机主体上方有共轴反桨。共轴反桨就是双层桨叶共用一个传动轴，但转动方向相反，不仅平衡掉了单向转动偏转力矩，而且第一层为第二层提供了"预压缩"，第二级就有更大的"进 / 排气量"和"气流密度"，虽然达不到 2 倍的效果，但改善也是很明显的。

我国"蜜蜂 16"共轴反桨无人直升机

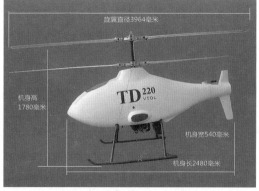

图 5-24　TD220 无人直升机

是首架共轴式无人驾驶直升机，代号：M16，又称M16共轴反桨无人直升机。该机为民用直升机，适合进行灾害预防及各种恶劣气候条件下的飞机作业。该机的研制历经十多年，进行了100多次试验，解决了几十项关键问题。TD220无人直升机主体下部设计了直升机落地的支撑架，飞机可随时降落在地面上。它的功能广泛，机上装有雷达，机身下装有摄像镜头，另外还有一些科学仪器。它可在空中巡逻、侦查、物资运输、电力巡线、森林防火、消防等。飞机质量150 kg，最大起飞质量3000 kg，巡航速度100 km/h，续飞时间5h，升限4000 m，悬停高度2500 m，动力来源于电能，可靠性高、智能控制、自主起飞、自主降落、结构简单。该无人机造型美观，色彩设计呈白色，轻盈光洁，着陆平稳，安全可靠。

图5-25所示为预警机，是一种大型飞机。2009年10月1日国庆60周年阅兵式上，国产空警2000、空警200两型预警机作为领航战机，分秒不差飞过天安门广场，向全世界庄严宣告：中国拥有了自主研制的世界先进预警机。预警机的体长、翼宽较大，其特点是在机背上装有直径14 m的巨大圆盘，内有三个相控雷达，每个雷达扫描120°空间，总和是可扫描360°空间，所以雷达圆盘不需要转动。预警机的功能是可监视、跟踪、预警空中、地面及海上目标，其有视野辽阔，灵活多变，持续时间长、飞行距离远的优点。它不仅能敏锐地监视静止的目标，还能对快速飞行的飞机、来袭的导弹、低空飞行的目标一览无余，是现代战争不可缺少的重要武器。它还是航空母舰上的主力舰载机，没有预警机的航空母舰称不上具备战斗力的母舰。由此也可以看出，飞机的造型设计是为功能服务的。

图5-25　预警机

如图5-26所示载人潜水器，整体构成可分为两大部分，第一部分是载人的主体，即透光的球体，操控驾驶室；第二部分是由三块组合而成，支撑球体组合成为一艘潜水器。造型呈扁形立体，在水中漂浮稳定，色彩设计呈黄色，黄色为暖色，属近感色，通过灯光易于发现找到。在海水中，蓝色的海水与鲜艳的黄色形成强对比，再加上三块黄色的上面又装饰了黑色的条纹，更有很好的稳定感，整体小巧美观。

它的功能是通过一套电视摄像、声呐系统和其他科学仪器等，在海下得到预先想要的图像，描绘海底地层分布彩色图像并记下来。它的主体长为3400 mm，宽为2400 mm，高为2150 mm，质量为5300 kg，透明的球形舱作为驾驶室，它的直径为1690 mm，球壁厚度为95 mm，球内可容纳一名驾驶员和一名观察员。整体潜水器下潜和上浮是根据工作人员和携带仪器的重量，在潜水前预先调节，配重调整后，通过两个垂直推进器，开始下潜。在下潜的过程中，浮块的重量可以通过向水压舱调节，潜水器还可以携带105 kg可抛出的重块。动力来源是电。

工作人员在水下610 m深海连续工作10 h，观察舱内空气、气压处于正常压状态，舱内装有空调，工作环境安全又舒适，观察员在观察舱内视野广阔，真实地直接目观水下世界。但愿不久的将来它可以发展为商业活动——海下旅游。

图 5-26　载人潜水器

对称在造型设计上属于视觉上的平稳，在人们的心理上可以获得对称美和安全感。但有时过于完全对称，会显得呆板、单调，因而又失去了美感。

稳定指造型物的上、下部分在视觉上的轻、重关系。在理论上是指造型物的整体或者某一部分的重心高低问题，重心低，有稳定感；重心高，有倾倒的不稳定感。

1）均衡的表现形式

均衡的表现形式是多种多样的，其视觉效果要比对称的表现形式生动、活泼一些。在产品的造型设计中，经常采用这种表现形式，以达到丰富、多变的视觉效果。

（1）体量

任何造型物，都可以按照形体分析的方法，分解成为某几个简单的几何形体，每个部分均表现出一定的体积，并占有一定的空间，而在人们的视觉上和心理上总认为它们是一个一个的实体，也有一定的重量感，这种量感称体量。

对于同样重量的两个部分，在视觉上，体积大者重，体积小者轻。若以立方体和球体比较，立方体因有棱有角，能诱导视线向外扩延，结果产生立方体向空间扩大的视觉效果，在体量上则感到重；至于球体，在视觉上有收缩感，所占空间较小，在体量上感到轻。

从色彩方面观察，形状和大小完全相同的两个立体，一为深色，一为浅色，视觉效果为深色重，而浅色轻。

（2）获得均衡的基本方法

由于均衡是一种不对称的平衡，欲使产品的造型设计呈现均衡的视觉效果，当然不一定要按照完全对称的形式表现出来。从均衡的表现形式来看，是在整体的某一方向假想对称平面的两侧，根据产品各个部分的功能、结构设计的特点和要求，均衡的形式可以是等量不同形的，或者既不等量又不同形，或者同形而不等量等。以上诸形式，都在影响整体形态的不稳定感，问题在于怎样巧妙地选用，以获得生动活泼的视觉效果。

在具体的造型设计中，产品各个部件的布局和安装，在构图时必须充分考虑整体上的均衡，基本方法是取支承面的中心线为假想的对称线，然后从整体上作粗略的平衡估计，使整体左、右两边的体量矩之和相等。像这样的体量组合，在视觉上可大致趋于均衡，但并非真正物理量的平衡。如图5-27所示，图（a）的右边体量矩之和大于左边的体量矩，视觉效果显然不均衡；而图（b）中，左边体量矩之和约等于右边的体量矩，故视觉效果是均衡的。

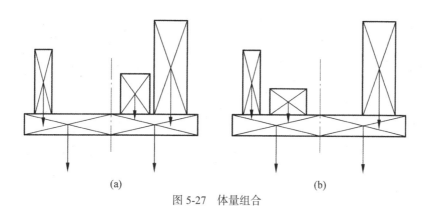

图 5-27　体量组合

图 5-28 是两台机床的体量矩关系与具体造型设计对照的实例。

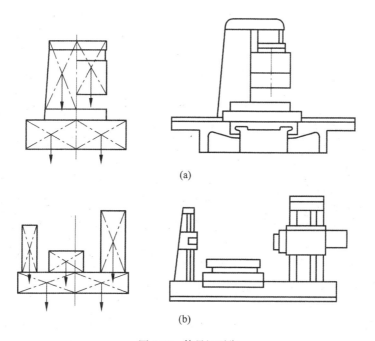

图 5-28　体量矩平衡

物体的视觉重量与平衡支点之积，为体量矩。

　　有时为了解决和处理好整体上的均衡问题，往往也从合理地布置操纵件（如手柄、手轮等）方面考虑。至于产品上的装饰和色彩的设计以及标牌的位置等，也对产品的整体均衡有着不可忽视的影响。如产品的标牌、标志等，一般都采用与主色调有较强烈对比的色彩，再加上它那具有艺术魅力的图案，往往形成了观察者的视觉中心，起到了诱导和补偿某些不均衡因素的作用，从而增加了整体设计的均衡感。

　　对仪器面板的设计，由于上边有着各种不同功能和不同形状大小的元件，而这些元件的合理布局，同样存在着均衡的问题。例如，设计一个操纵台的仪器面板，假设面板上有以下几组元件:(a) 荧光屏幕一个,(b) 功能键组,(c) 数字键组,(d) 标志,如图 5-29 所示,设计面板尺寸大小并布置各组元件。

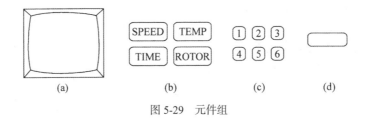

图 5-29　元件组

① 分析：面板是生产设备操作者的视觉中心，设计者进行设计的出发点，应该适应和满足人们生理上、心理上的特点以及操作顺序等方面的要求，即要求在安全、可靠、准确和舒适的情况下进行操作。因为面板设计基本上属于平面构图设计，根据经验，当人们观察平面图形时，其视线的扫描路线呈"Z"字形。从人的视觉反应分析，水平方向的视觉反应要比垂直方向的视觉反应为快，但水平方向的视角不能太大。为此，要求面板尺寸的长与宽之比不可过大，从艺术角度考虑，可以确定面板尺寸长与宽之比应尽量等于或者趋近根号矩形，即面板呈 $\sqrt{3}$ 矩形。从功能角度考虑，对于相同的元件或不同功能的元件组，可以适当地在面板上进行分割，考虑到操作顺序和方便等，要使面板的视觉效果生动、活泼和均衡，可以对诸元件采用非对称性布局排列和分割，分割线采用直线与圆弧相结合的形式。为了使得操作准确无误，也可以对分割区采用不同的色块。

② 结论：由以上综合分析可知，影响面板的设计因素较多，但面板的总体布局还是应从总体的均衡考虑入手。对于此面板的设计方案，归纳起来可以有以下 6 种，见图 5-30。这些方案经过分析比较后，其中方案（d）比较合适。

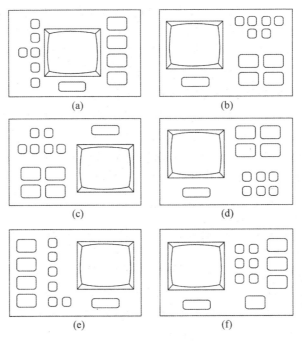

图 5-30　面板设计方案

2）稳定的分类及其实现方法

因为产品的稳定能使人们具有安全感，所以在机电产品的造型设计中，总体的稳定性是必须考虑的重要因素之一。

（1）稳定的分类

① 实际稳定。根据力学分析，稳定的基本条件是：物体的重心必须落在该物体的支撑平面之内。物体的重心越低，越靠近支撑平面的中心时，其稳定性越好。凡符合这些条件者，称之为实际稳定。这种稳定是建立在科学基础上的稳定。

② 视觉稳定。从产品的外形进行观察时，产品体量重心的高低对人们的视觉感觉产生不同影响。重心低，稳定性好，这种稳定称为视觉稳定。视觉稳定最终反应在人们的心理上有安全感和可靠感。

（2）实现和增强稳定感的方法

产品的造型设计，应该是在保证功能的前提下，确保产品能够安全、可靠地工作，其中很重要的一条是产品的稳定性。这种稳定性，不仅要满足实际稳定的必要条件，而且应充分适应心理上的视觉稳定要求。因此，在一般设计中，往往对实际稳定和视觉稳定同时考虑，以获得良好的造型效果和可靠的稳定性。实现和增强稳定感的方法有以下几种。

① 使造型物实际重心下移，以满足实际稳定的物理条件，在体量关系上应该是上小下大，或者使形体由底部向上逐渐缩小。

如图 5-31 所示的坦克，集机动、火力、防护于一体，能够高速越野行驶，跨壕沟、过障碍、涉浅滩、渡河流，如履平地，胜似蛟龙。身披复合装甲钢筋铁骨，坚固无比。打起仗来，马达怒吼，履带滚滚，炮声隆隆，令敌胆寒。因而它的造型设计就是根据其功能而来的，其车身较为低平且较宽，行驶起来稳定性极佳，造型全为直线形，坚强有力。其色彩设计整体用深绿双色云形迷彩，隐蔽性好。坦克炮筒在前，机枪在后上方，并配有通信天线。

图 5-31　坦克

如图 5-32 所示为生产流水线上零件装箱的搬移，所用设备是黄色的机械手臂。机械手臂要处于较高的位置才能吸住零件的包装箱，然后吸起来转到某一处的流水线上，劳动强度大又是重复性劳动。采用机械手臂解放了人体的重复劳动，又快又准确，机械手臂用螺钉固定在下边的支架上，可在支架上的轴上水平旋转任意角度，支架又固定在地面的螺钉上，总体稳定较好。电力驱动，真空提取，高效节时。

图 5-33 是美国月球车。黄色箱体是主体，主体上两旁是太阳能板，最上方前边竖起的是摄像机，可以左右活动，月球车的行走部件是下边两侧的六个车轮。月球车可前进后退，还可左右、上下调整。造型均衡，稳定安全。车的前后设有照明灯，太阳能板可以随着阳光调整角度。

图 5-32　智能机械手臂

图 5-33　美国月球车

如图 5-34 所示为赛车，该赛车造型设计又长又宽，高度很低，重心肯定也低，车轮又大，而且车轴相距又长，前后、左右非常稳定。车的主色调为红色，鲜艳。车身整体呈流线形，风阻小。

图 5-34　赛车

② 使造型物的实际重心落在支撑平面之内，否则应加大支撑面的面积，或者适当改变实际中心的位置。日常所见到的产品，如显微镜、摇臂钻床、汽车吊、台灯、台扇等产品的下部所占平面积往往很大，其目的就是使产品的实际重心落在支撑平面之内，以保证在正常工作时不致倾倒。

图 5-35 所示为正在飞行的四组螺旋桨无人机。图（a）色彩设计主色调呈深灰色，在前面的两组螺旋桨的横架下边设计了橙红色照明灯，后面的两个横架下设计了绿色的照明灯，在主机的前下处安装了摄像机。整机落地时，有一对支架支撑，造型对称，稳定性好。色彩设计与森林绿色呈弱对比，起隐蔽作用。图（b）中无人机为四组螺旋桨，外加保护圈四个，主体中下方装有摄像机，结构简单、功率较大、噪声也大，色彩设计主色调呈灰白色，与天空呈弱对比，落地有支撑架支撑，稳定可靠。

（a）   （b）

图 5-35   四组螺旋桨无人机

图 5-36 所示为 2016 年元月新设计的无人机，已经升空，名称为球形无人机。它的动力来源只靠一组螺旋桨，装在球体内部。球体色彩呈天蓝色，外表设计了白色保护层。摄像机装在最上部。造型简单，重量也轻，携带方便，大街小巷中均可使用。图（a）中，人可以双手抱着；图（b）无人机在执行任务。

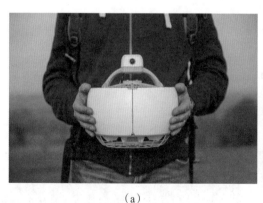 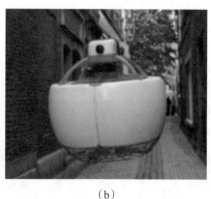

（a）   （b）

图 5-36   球形无人机

如图 5-37 所示，一个日本女孩骑在一头机器牛的背上，看起来舒服自在，兴高采烈的。机器牛站稳了四肢，听从女孩的指令前进和后退。机器牛的四条腿支撑着肥胖的身躯，全身由若干个小的部件活性连接而成，以便当牛行走时全身不致太僵硬。其动力来源于电池，传动机械全装于牛的腹中。从造型设计方面来讲，牛的全身像长了刺一样，对人们的心理有一定刺激；牛的色彩呈黄绿色，整体肥大，也很稳定。小女孩骑上估计也很有安全感，很有意思。至于制作机器牛的材料应该是重量很轻的、刚性较好的非金属材料或者轻的金属材料。有人说，此牛既能驮人，当然也能拉车拉货了。这很难说，估计此牛体内传动结构的设计不允许吧。

图5-38（a）所示的形体呈不稳定状态，它的重心超出了支撑面，为了避免倾倒的可能并考虑造型的艺术性，采取了如图（b）、（c）和（d）所示的改进措施。诸如此类设备的造型设计，目的是增大支撑面的面积，稳定性即能提高。

图5-37　机器牛

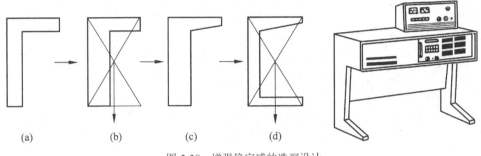

(a)　　　　(b)　　　　(c)　　　　(d)

图5-38　增强稳定感的造型设计

③ 利用色彩的轻重感。从产品的总体考虑，对色彩的设计，一般采用上明下暗、上浅下深的色调，以形成上轻下重的视觉效果；在色相的对比方面采用强对比色相。至于对产品的装饰，往往在产品的中、下部采用一条或者两条水平位置的深色彩带。以上总的效果都增加了产品的稳定感。

如图5-39所示一台机械手臂正在电焊零件。机械手臂形体简单，整体造型上轻下重，色彩设计以白色为主色调，视觉效果轻巧灵活，底部为深蓝色，视觉效果有沉重感，所以总体在视觉上有稳定感，加工速度快，精度高，代替了工人的繁重劳动。

如图5-40所示为一枚导弹，其功能是击毁敌方目标，要求准确、快速、有力。导弹造型修长，头部呈子弹形，后部有尾翼，定向平衡，下部有进气口，整体呈流线形，空气阻力小、轻巧，色彩主调呈银白色。

图5-39　机械手臂

图5-40　导弹

图 5-41 所示为一架大型无人机，可以在战场进行侦察、巡逻、照相、摄像等。机身呈流线形曲面，机翼位置偏后，机翼下装有雷达，机头下装有相机，机头有雷达天线，整架机身前后均衡协调。色彩设计呈纯白色，洁白轻盈，可以降落于一般小型机场，轻巧灵活。

图 5-42 所示为一架隐形无人机，可以进行侦察、巡逻，可以发射导弹。机身按流线形设计，色彩设计为蓝灰色，高飞时有保护色的作用。机翼色彩为灰白色，在视觉上有减轻重量的效果，整机造型简单轻快，外形美观，噪声小。中国 WJ-600 无人机属军用无人机，是信息化战争的重要武器，配备有先进侦察设备、雷达、机载传感器，具有反应速度快、突防能力强的特点，能够全天候执行侦察和毁伤的任务。

图 5-41　大型无人机

图 5-42　军用隐形无人机

如图 5-43 所示为中国"辽宁号"航空母舰，是中国人民解放军海军第一艘可以搭载固定翼飞机的航空母舰，它的前身是苏联海军的航空母舰次舰，后抵达大连港，改造后中国称其为 001 型航空母舰。2012 年 9 月 25 日，正式更名为"辽宁号"，交付中国人民解放军海军，这标志着"辽宁号"航空母舰开始具备海上编队战斗群能力。

图 5-43　"辽宁号"航空母舰

　　航空母舰舰体材料和构件是以钢铁为主要材料而建造的，一般发展中国家根本没有这个能力和技术建造。中国人在复杂的国际抗衡中，坚持原则，自力更生，敢于胜利，成功建造了中国自己的航空母舰。该舰可以停放几十架战斗机、轰炸机，随时可以在跑道上起飞。舰体坚固，舰面平整，航行平稳。色彩设计采用了深灰色，航行于大海，敌人很难发现。

　　如图 5-44 所示是一架舰载机，可以停留在航空母舰的甲板上，有战斗任务时，可以立即在跑道上起飞应战。该舰载机主体设计为流线形，上部为驾驶舱，飞行速度快。色彩设计主色调呈淡灰色，在云雾中飞行很难被发现。该机可以携带炸弹和导弹，灵活机动。

　　如图 5-45 所示也是一架舰载机，造型设计也呈流线形。机翼为三角形设计，色彩设计机体主色调为红色，机头为白色，机翼为蓝白色，色彩设计对比性强，色彩鲜艳。该机飞行速度快，机翼下可携带导弹、发射导弹，飞行灵活，是美国航空母舰上唯一的舰载战斗机。

图 5-44　舰载机（一）

图 5-45　舰载机（二）

　　如图 5-46 所示为三角翼侦察机，飞行阻力小、平稳，色彩设计主色调为土黄迷彩色，适用于野战黄土地区。色彩明亮，有轻飘感。除侦察任务外，还可携带并发射导弹，进行空战，飞行灵活多变。

图 5-46　三角翼侦察机

　　图 5-47 所示为美国"空军 1 号",总统专用飞机机身呈流线形,V 形机翼,造型简洁清晰。动力为四台叶轮发动机,色彩设计机身主色调为纯白色,两侧各设计了一条蓝色水平色带,延伸至机头和机尾,使整机在视觉上有整体感,也增加了美感和飞行的平稳感。该机属于大型飞机,机头下边停放了一辆黑色轿车,与飞机大小相比,实在太悬殊。它是美国历届总统的专机。"空军 1 号"是波音 747 机改良后的机形,机内设施齐全,有若干个房间,包括餐厅、会议室、卧室、护理室等,飞机底盘很重,用钢板制造机窗,玻璃厚度约为 15 cm。"空军 1 号"的外形尺寸长 70.4 m、宽 60 m、机高 19.4 m,机重 375 t,飞程可达 1 万 km,飞速 1128 km/h,造价约 3.5 亿美元,飞机造型结构安全,飞行舒适、平稳。据了解,到目前为止"空军 1 号"不止 1 架,可能 2~3 架。

图 5-47　美国"空军 1 号"

　　如图 5-48 所示为舞蹈机器人,四肢发达,有胳膊有腿,有手有脚,头部球形。全身灵活机动,柔软自如,行动敏捷。色调为白色,轻快活泼,可跳各种优美的舞蹈,也可跳迪斯科,是儿童的好伙伴,家庭的好演员。

　　图 5-49 为吹小号机器人团队,它们身穿白色演出服,热情活泼,摆着不同姿势,吹着演奏曲。它们不需要指挥,各人的小号大小也不相同,各有各的声,各有各的调,曲调悦耳,不知能吹多少种呢!演完后,它们会很有礼貌地向听众道一声"谢谢"!

图 5-48　舞蹈机器人

图 5-49　吹小号机器人

　　图 5-50 为豪华邮轮，造型修长，邮轮宽度方向上小下大，上轻下重。邮轮头部呈三角形，邮轮尾部凸出为圆弧形，航行无阻，稳定顺利。色彩设计采用白色为主调，邮轮腰部两侧沿水平方向系挂有橙色救生小艇，色彩鲜艳，好似一条水平线，把邮轮在高度方向有所分割，在视觉上降低了邮轮的高度，增加了邮轮航行的平稳性。整船造型美观大方。

　　图 5-51 为一辆重型坦克，造型扁平，材质优良，履带高速越野行驶，打起仗来跨壕沟、过障碍、涉滩、渡河流。坦克上装有大炮和机枪为一体，大炮和机枪除了可以转向任意角度以外，还可水平划圆呈任意角度。炮筒可以伸缩，坦克扁平，重心较低，稳定性好。色彩设计采用深绿、土黄双色，云形迷彩，隐蔽性好。随着科技的发展，可以期待在不久的将来迷彩色可以随着环境色彩的不同而改变。

图 5-50　豪华邮轮　　　　　　　　　　　　　　　图 5-51　坦克

　　图 5-52 为一辆纯白色大巴，车的头部、车窗面积大，视野宽阔，后视镜效果较好，前灯造型呈眼睛形，整车下部平齐，两侧有照明小灯。整车明亮大方，统一效果好，车的底盘较低，上下车方便安全。

　　图 5-53 为红色小汽车，车的长宽比较好，车的脸部的通气孔对称，一分为二，车灯呈曲线形，下部的灯设计别致，整车前面设计协调，视觉效果好，行驶稳定性也好，色彩鲜艳。

图 5-52　大巴　　　　　　　　　　　　　　　　图 5-53　小汽车

　　图 5-54 为 A380 大型客机，机身呈流线形，两翼较长，飞行速度快、平稳，飞机色调呈白色，尾翼色调设计为蓝色标志，整机色彩设计在统一中有变化，造型大方。

图 5-54 A380 大型客机

图 5-55 为东海道日本铁路新干线列车，机车头部宽大，驾驶室宽敞，高度也高，驾驶员视野宽阔。列车头部两个照明灯，整列车造型统一简明，主色调为纯白色。列车中腰部设计了一条蓝色水平子母线，列车上明下暗，稳定性好，高速安全。

图 5-55 东海道日本新干线列车

图 5-56 为厢式货车，货车主体呈厢体，车头呈流线形。造型的整体性好，没有杂乱感，色彩设计呈大红色，安全意识较强，承重货车危险性必须注意，红色是警戒色，货箱的边角装饰了白色线，货厢侧面装饰了一条白色水平线，视觉效果货车平稳运行。更有意思的是兄弟搬家的标志，图案是兄弟两人在抬货物。

图 5-57 为日本产"大飞机"，该机是一款喷气式支线客机 MRJ，2015 年 11 月 11 日完成首次试飞，它是日本在第二次世界大战后研制的首款喷气式"大飞机"。该机造型修长，机头呈流线形，机翼呈三角形，色彩呈深土黄色。在机身侧设计了一条红色和黑色呈曲线彩带，从机头引向机尾，以增加飞机飞行的平稳感。从机身侧面可以看出飞机的舷窗相距较大，可知座椅前后比较宽松。该机由日本三菱飞机公司制造，从造型角度来讲，外形酷似轰炸机，对乘客有一定的刺激感。

图 5-56　厢式货车

图 5-57　日本"大飞机"

图 5-58 为大卡车装满了一车的苹果，从车后观察，这么多苹果压的卡车可能要从后边中间压垮。设计者在车后下边画了黑黄相间呈"人"字形的图案，结果人的视觉效果有向上顶的作用，减轻了车后的视觉压力，有安全感。

图 5-59 为"南京号"导弹驱逐舰，是我国旅大（051）级驱逐舰，由上海中华造船厂制造，1977 年开始在东海舰队服役。该舰长 132 m，舰宽 12.8 m，排水量 3250 t。2012 年"南京号"退役，海军将"南京号"移交给中国海监总队，成为中国海上执法船舶。该舰从造型设计分析，舰身修长狭窄，吨位小，工作室面积也小，航行颠簸剧烈，工作条件较差，舰员们工作艰苦。国家已经进行了改进，改进后的型号已经克服了"南京号"的设计缺点，见"天津号"。

图 5-58　大卡车

图 5-59　"南京号"导弹驱逐舰

图 5-60 为 99 式主战坦克，全军武器装备的主战坦克装甲车，简称 ZTZ 式主战坦克，是中国新一代主战坦克，由中国兵器工业集团第二零一研究所研制，中国北方工业公司生产。其特点是具备优异的防护外形，基本上全用钢板焊接而成，坚固的外壳适应新时代信息化作战技术的要求，是陆军装甲师和步兵师的主要突击力量。坦克装甲车长宽比相近，爬坡过沟迅速灵活，色彩设计采用土黄色为保护色，曾于 2009 年国庆阅兵式上出现。

图 5-60　99 式主战坦克

　　图 5-61(a)～(c) 所示为原子弹,是核武器,杀伤力强,破坏力极大,是国际组织严禁使用的武器。它的制造材料各有不同,有的材料用铀 235,有的用钚 239。原子弹的引爆控制是在预定时间发出引爆指令,使炸药起爆,炸药的爆炸产生推动力,压缩弹内的反射层和核装料,使之达到超临界状态,急速结合,使点火部件提供若干"点火"中子,使核材料内发生链式裂变反应,在极短的时间内释放巨大能量,形成猛烈的核爆炸。爆炸时间极短,只需十分之几秒的时间,1 kg 铀 235 释放的能量相当于 20 000 t TNT 炸药爆炸时所释放的能量。原子弹爆炸威力巨大,它的威力包括三方面,即杀伤力、高温冲击波和核辐射。高温即在顷刻间产生 300 000℃的高温,还有冲击波,破坏力极快。美国于 1945 年 7 月制造了三枚原子弹,其中"大男孩"于 1945 年 7 月在沙漠里实验成功,空中爆炸。"大男孩"和"胖子"采取内爆法,以钚 239 为核爆材料,而"小男孩"以铀 235 为核爆材料。原子弹的造型并不像炸弹那样的尖头,似我们家庭用的煤气罐,呈曲面形,有尾翼,控制炸弹头垂直下落,空中爆炸。美国制造的"大男孩"原子弹,先做实验,结果实验成功后爆炸。

　　图 5-61(a) 是抗日战争时,美国于 1945 年 8 月 6 日投于日本广岛 580 m 高空的原子弹,名为"小男孩",弹重 4082 kg,弹长 3.05 m,弹径 0.711 m,装料为 50 kg 的铀 235。因为弹细长,所以该弹称"小男孩"。"小男孩"装的铀 235 只有 1 kg,在爆炸中进行了核裂变,释放的能量约等于 12 500 t 的 TNT 烈性炸药,广岛伤亡惨重。美方敦促日方尽快无条件投降,日方无动于衷,置之不理,于是美方第三天再对日本投放 1 枚原子弹,名为"胖子",如图 5-61(b) 所示。

　　图 5-61(b) 是 1945 年 8 月 9 日,美国计划将第二枚原子弹"胖子"投弹于日本小仓城市,用 B29 轰炸机运载,飞机在小仓上空盘旋了近 1 h,等候随 B29 飞行的气象侦察机,但一直没有发现。当时小仓上空乌云密布,日本的战斗机也飞了起来,高射炮开始射击,于是机长斯威尼就临时决定飞往长崎了。当时长崎上空也是多云,因瞄准阶段不能准确计算风速,发生了误差。B29 匆匆投弹于长崎,随后便飞向日本冲绳。因燃料耗尽,着陆时

飞机的四个引擎中的两个已熄火了。可以讲，长崎成了小仓的替身，这枚原子弹"胖子"所装的材料是用 6.2 kg 钚 239 制作的，弹长 3.25 m，弹径 1.52 m，弹重 4545 kg，释放的能量约相当于 22 000 t TNT 烈性炸药，比投掷在广岛的原子弹稍大。原子弹爆炸时广岛和长崎都下了带放射性的黑雨，美方希望日方无条件投降，否则美方准备投第三枚原子弹于东京。这样，日方害怕了。再加上苏联之前已出兵攻打日军，在这种情况下，日方只得无条件签字投降。

(a)   (b)

(c)

图 5-61　原子弹

（a）"小男孩"原子弹；（b）原子弹"胖子"；（c）原子弹"胖子"爆炸后的现场

图 5-62（a）~（f）为各种姿态的机器人，它们的动力来源于电池，通过软件控制各个有关节处的轴实现各种各样的动作，它们的视觉主要依靠视觉传感器。它们可以讲话，唱歌的声音都是人工合成的。它们的身躯、四肢等的骨架都是轻金属材料制作的。对机器人的外表进行包装修饰美化，即形成了人们所看见似真人一般的机器人。机器人分为几类，如加工制造类、服务型、玩耍类、医用等。

图 5-62（a）左图是制造智能机器人的各个部件装备原构造图，右图是经过外包装修饰后的模样。该款机器人为韩国制造的机器人，会踢球、能做俯卧撑、体形小巧，能做出一些较为新奇的动作。该机器人身高 95 cm，体重 10 kg。动力来源是一块 18.5 V 锂电池，可连续使用半小时，机器人的四肢可以单独分项活动，能够做出许多特殊动作。它的身上配备的 USB 摄像头，视野非常宽广，还配备了麦克风和扬声器，支持语音识别和合成，还配备有力传感器、陀螺测试仪和加速度传感器，以保持机器人的平衡，顺利地做出各种动作。

图 5-62（b）为日本开发的机器人，高 40 cm，属人形机器人，表情可爱、可亲，有着灵活的行走姿态，可完成单腿站立动作，有良好的平衡性和协调性。身上配备了距离传感器，可以感应到人类的接近并迅速做出反应；配备有语言传感器，可听到哨声后马上迈步前进，能够根据人类的语音指令做出动作；在机器人的手掌内侧安装有指挥传感器，使机器人有触觉功能。

图 5-62（c）所示为目前正在研究的可以打网球的概念机器人。

图 5-62（d）所示为法国仿人机器人，属服务型机器人，具有强大的计算能力，动作精确流畅，可以教授电子、数学、机械、控制、语音识别和导航等有关知识。在光线较暗的情况下，有效地对人脸及物体进行识别，对语音也可识别，对语言识别更快更可靠。曾在 2010 年上海世博会上担任导游工作，能够进行舞蹈表演，灵活地完成有节奏的动作。

图 5-62（e）所示是美国人形机器人，这个机器人在美国官方的代号是 R5，身高 1.9 m，体重达 125 kg，它是美国宇航局为未来执行火星宇航任务所打造的，用于未来空间探索任务的。机器人的胸口装备了一个发光的 "NASA" 标志，它的腰部和关节活动灵活，自由度很大，动力存储于背包之中（电能），还配备了声呐和激光雷达来测量物体。它的头部、胸部、手臂、膝盖和脚部都安装了摄像头，能够不受任何限制地到处行走，可以拿起物体，跌倒时可以自动起来，能够做优美的舞蹈动作。

图 5-62（f）所示为韩国研制的直立行走的机器人 "HUBO"，身高 120 cm，体重 45 kg，双脚行走速度 1.25 km/h，可灵活使用各个手指，可与人握手和跳舞。机器人采用了 40 个电机，很多传感器、摄像头和控制器，配备的锂电池可持续运动 2 h。行走时保持膝盖不弯曲。手重 380 g，有 5 个电机和一个转矩传感器，能抓起很多东西，手腕能灵活转动，能识别和合成声音，两眼能转动并有良好的视觉功能，5 个手指能单独活动，可与人握手。造型别致、大方。

图 5-63 为扫描机器人，模型病人伏卧在平台上，机器人手臂上的探头正在扫描病人的内脏或者肋骨，根据扫描的数据和形状，医生计划采用 3D 打印机打印出肋骨实物，装在病人的体内，既合适又方便。

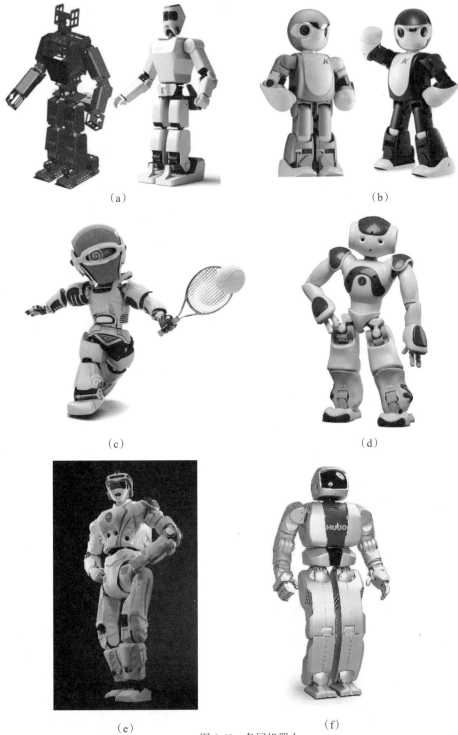

（a）

（b）

（c）

（d）

（e）

（f）

图 5-62　各国机器人

（a）韩国智能机器人；（b）日本人形机器人；

（c）概念机器人；（d）法国仿人机器人；

（e）美国人形机器人；（f）韩国机器人"HUBO"

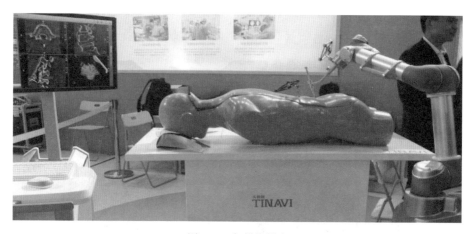

图 5-63　扫描机器人

图 5-64（a）所示是机械臂，是根据计算机软件设计的，正在画龙的整体，一边画一边移动。色彩设计整台机械臂底座为黑色，视觉效果稳定，上部分呈橙色，为警戒色，意味有危险性，警示远离。

图 5-64（b）是机械臂正在清理打磨铸铁零件表面上的毛刺、沙粒，效率很高，质量又好，省工省时。其色彩设计底座呈大红警戒色。底座重量大，安全稳定。

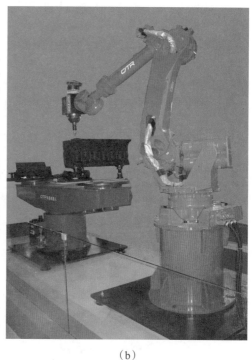

（a）　　　　　　　　　　　　　　　　　（b）

图 5-64　机械臂

（a）机械臂正在画龙；（b）机械臂正在清理打磨铸件

　　如图 5-65 所示是用机械臂在汽车装配流水线上装配汽车的某一零件，每台机械臂各有各的范围，各有各的任务，效率高，质量好，全由计算机软件控制。我国目前汽车制造业已经大量使用机械臂和机器人，大大提高了速度和质量。

图 5-65　机械臂正在装配汽车

　　图 5-66 所示为真实生产的大型机器人，实际身高两米半左右，肩宽 1 米有余，两手臂伸展开来宽度约 3 米，可通过无线遥控器或红外遥控器对其进行远程控制。该机器人装备有 20 多个可动关节，性能十分强劲。机器人结构设计科学合理，机器人的移动依靠两腿及下部的轮子，可以前进、后退、拐弯等。机器人的手及全身可以做各种各样的动作，动力来自电源，各部动作都有自己独立的电源。从造型设计来说，图（a）的设计主调为黑色；图（b）的设计主调为红色，刚劲有力，很有民族特点。从整体设计来说，外形比较稳定，上轻下重，安全。

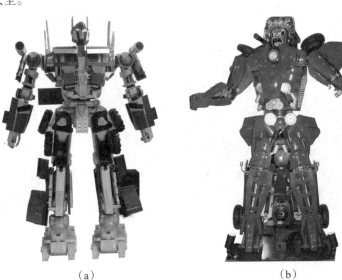

（a）　　　　　　　　　　　　　　　（b）

图 5-66　大型机器人

（a）黑色；（b）红色

　　图 5-67 所示为可以微笑、用嘴说话的女性机器人。图（a）是站立的女性机器人，它一面带着疑问的姿态，一面用手示意。造型活像真人，美观大方。

　　这个仿真机器人是日本耗资两亿日元开发的，这个机器美女有 20 多岁，有着秀丽的脸庞和苗条的身材，能表演出喜怒哀乐等表情。研发人员在机器人的脸部和颈部安装了 42 台微型电机，使其面部表情更接近人类。在现场表演中，美女机器人在自我介绍后，按照主持人的指示，表演"微笑"、把手插在腰间、"瞪眼"等表情。研发人员还可以时装模特的步伐数据为基础，为美女机器人设计程序，即可让机器人当时装模特表演了。

　　图 5-67（b）所示两个女性美人，一个是真实的美人，一个是机器美人，都面带笑容，请读者分辨！

　　图 5-67（c）为一位漂亮的女性机器人，有乌黑的长发，穿着漂亮的服装，面带笑容地梦想着什么。

　　图 5-68 所示为东京消防厅的消防直升机。当某处发生火情时，直升机飞向火灾上空，直接了解火情，准确迅速。直升机除驾驶员外，还可乘坐 5~6 人。直升机的重心落在中部，机尾可以平衡机头，整机前后平衡，飞行平稳。工作性质为救火、消防。色彩主调呈红色。

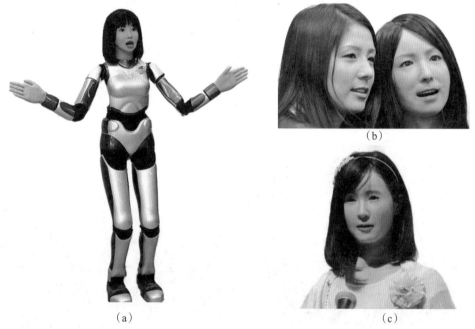

（a）　　　　　　　　　　　　　　　　　　（c）

（b）

图 5-67　女性机器人

图 5-68　消防直升机

图 5-69 为高刚性、高精度和高速度卧式加工中心，日本三菱全新第二代卧式加工中心。它的体积小巧，动态性能优异，是高度复杂和高难度工件生产的最佳选择，可大批量生产，为汽车制造、成套设备的制造提供便利。该中心加工刀具为短刀，刀具尺寸小、加工精度高，为该中心专用刀具，刀具使用寿命长、生产加工室外操作，整体造型别致、大方。

如图 5-70 所示是欧洲最牛的拖拉机，从外观看，长度超过 7 m，宽度接近 5 m，一只轮子就有一人高，被人们称为拖拉机战斗机，一台拖拉机就有 8 个巨大的轮胎。这个庞然大物是采用 6 缸涡轮增压柴油发动机驱动，最大功率为 650 匹（1 匹 = 0.735 千瓦），后轮驱动，全时四驱传递到 8 个巨大的轮胎上。从造型分析来看，整体绝对安全稳定，它可以拉重物、深耕地，犁头巨大，翻地很深，效率极高。在田野里，遍地绿油油的，红色的拖拉机格外醒目。

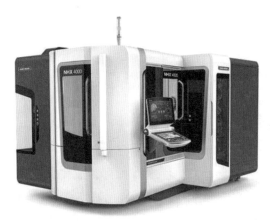

图 5-69　加工中心

图 5-70　拖拉机

图 5-71 为农林用拖拉机，它是专为木材加工而设计的，动力来源是柴油发动机，后轮驱动直径大，司机一人，拖拉机的头部有水平抓手，可以水平搬运木材，拖拉机的后边有悬臂抓手，可吊起木材装车。为了安全，在后轮边增加了两个支撑，以扩大支撑面积，使吊起时的重心落在支撑面之内，前后抓手起吊采用液压活塞传动，后边的悬臂，可以由液压缩短。整体造型小巧实用，主体色彩设计为黄色，以提高安全感。

图 5-71 农林用拖拉机

如图 5-72 所示为直升机，适用于野外侦察、个人旅游等，造型美观，简单轻巧，飞行平稳，单人驾驶，机身流畅匀称，蓝色的螺旋桨，白色的机身，视觉效果有轻盈感、安全感，视野开阔。

图 5-73 为无人驾驶坦克，坦克在战场上由遥控器远距离操作或者用无人机在上空操控，坦克通过履带行驶，动力来源由柴油发动机提供。整台坦克上下分三层，第二层和第三层连为一体，第三层装备有四个炮筒和一门机枪，后上方有摄像机，前方装有接收天线，履带上方两层可以旋转方向射击，履带用锰钢制造。整台坦克造型上小下大，稳定性好，色彩设计为深灰色，起保护色作用。

图 5-72 直升机

图 5-73 无人驾驶坦克

图 5-74 为原子弹模型，有颜色，为空投原子弹，有尾翼，起平衡和定向作用，空中爆炸。

图 5-75 所示为"嫦娥三号"。"嫦娥三号"于 2013 年 12 月 14 日晚，在月球相对平坦的虹湾区着陆，整个着陆大约 12 min，"嫦娥三号"探测器是由着陆器和"玉兔"月球车组成的，着陆器上由黄色金属片包装，其目的是预防紫外线的影响，二者上面各有中华人民共和国国旗一面。

图 5-74　原子弹模型

图 5-75　"嫦娥三号"示意图

① "嫦娥三号"的任务是探测月表外貌、调查月球地质构造、月表物质成分、可利用资源调查、月壤分层厚度及其结构。

② 着陆器基本构成形态像一个长立方体的大盒子，如图 5-76 所示，由四支腿支撑着，可起到着陆缓冲作用，减少冲击，实现软着陆。其配备有若干个科学仪器，如地形地貌相机、降落相机、月基光学望远镜、极紫外相机等（表 5-1），并装有一对太阳翼。

图 5-76 中 1~9 注释见表 5-1。

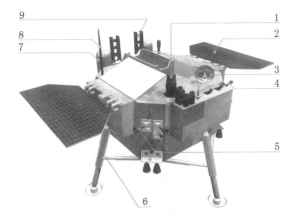

图 5-76　"嫦娥三号"着陆器示意图

表 5-1　着陆器结构明细表

图中编号	名称	图中编号	名称
1	极紫外线相机	6	着陆缓冲机构
2	太阳帆板	7	气瓶
3	定向天线	8	天线
4	测控天线	9	巡视器释放机构
5	姿控推力器		

③ 月球车也像一个长立方体盒子，如图 5-77 所示。"玉兔"月球车有六个轮子、一对太阳能板，还配备了多种科学仪器，如全景相机、测月雷达红外成像、光谱仪、粒子激发 X 射线光谱仪，见表 5-2。机械手就地探测土壤厚度、分层和结构。月球车质量约为 140 kg，可驶过 20 cm 高的石头，行走速度为 3.3 m/min，在月球车的腹部装有一台测月雷达，可测月球地下 30 m 深的土壤层结构和 100 m 深的土壤次表层结构，这在世界上是第一个。

图 5-77 中 1~10 注释见表 5-2。

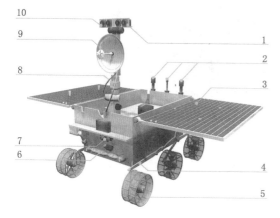

图 5-77 "玉兔号"月球车示意图

表 5-2 月球车构成明细表

图中编号	名称	图中编号	名称
1	全景相机	6	机械臂
2	天线	7	避障相机
3	太阳帆板	8	桅杆
4	摇臂	9	定向天线
5	轮子	10	导航相机

"嫦娥三号"总体质量 3780 kg,着陆器和月球车各有自己的发动机,各有自己的一双太阳能板。火箭点火发射前"嫦娥三号"装在火箭的顶部,并设计有一对整流罩,这样整个火箭的头部直径最大,顶部呈无尖的圆锥形,光滑流畅。火箭点火后一段时间,"嫦娥三号"按设计要求绕月球做椭圆轨道飞行,通过改轨,总共大约飞行 14 天后,发动机推力减小,"嫦娥三号"脱离火箭。当椭圆飞行轨道在近月点 15 cm 处下降时,整流罩脱离,指令"嫦娥三号"以抛物线的轨道垂直月球表面软着陆,落在月球虹湾区(图 5-78)。

软着陆后,月球车与着陆器分离,太阳能板展开,月球车从有轨道槽上滚到月面实现着陆器和月球车的相互摄像(图 5-79)。接着,月球车进行月面巡视、拍照,着陆器执行自己的任务。

图 5-78 飞行中的"嫦娥三号"示意图

图 5-79　着陆器与"玉兔号"

　　从着陆器的造型设计分析，除它自己所载的科学仪器之外，它的旁边还携带着月球车，加起来基本上是两个长方体的盒子。其布局和重量总的考虑是安全问题，布局要均衡，重量要尽量减轻，所以软着陆必须考虑，否则就存在着危险，前功尽弃。科学家、专家们解决得好。因为月球面上地形复杂，高低不平，从理论上讲三点决定一面，着陆器底部已构成了一面，但这个面只是一个理想的面，接触在月面上就不一定是全面都能接触，可能不够平稳。设计者对着陆器又设计了一条腿，加上的这条支腿非常重要。这四条腿并不垂直于月面，而是向着陆器的外边斜了一个角度，这样就增大了"嫦娥三号"的支撑面，"嫦娥三号"的重心一定落在支撑面的范围之内，就可保证"嫦娥三号"不会翻倒。为了保证四个支撑腿平稳的与月面很好地接触，设计者又给四条腿各穿了一只鞋，腿和鞋的连接不是刚性连接，腿下的鞋都可自由地活动，这就保证了腿牢牢地与月面接触，不会打滑。月球车要巡视，要行走，通常讲四个轮子即可。但月球表面没有空气，当然也无风，月面有一层粉末状灰尘等，还有石头，会对月球巡视、摄像、采土壤标本造成困难。设计者把车轮设计成镂空状，以免行走时带起月面上的粉尘，车轮外设计防滑金属片六个车轮，以便月球车爬坡顺利而不滑。可以这样讲，"嫦娥三号"的构型设计——四腿六轮四只鞋。

　　至于"嫦娥三号"实现月球上软着陆，主要因素是月球月面环境的不确定性，有岩石、碎屑、粉末、角砾等组成的月壤，这层土壤非常松软，崎岖不平，落月时地形地貌的不确定性，都将造成月球上软着陆的失败。设计团队经过了千辛万苦的努力，设计出了四条腿的方案，实施动力下降。还要在距月面 100 m 处，探测器需要悬停，对月面进行拍照，以避开月面上的障碍物，寻找着陆点，才保证了软着陆的可能性。除此之外，还采取了"零"推动，利用高压气瓶的气，经过着陆器下部喇叭口向下喷到月球面上，以降低下降速度，配合四条腿上的着陆缓冲机构，完美地解决了软着陆的问题。笔者在想四条腿如何实现缓冲？有可能在空心的圆管子中装进了一段弹簧来实现，这只是猜想而已。

　　在夜间，"玉兔号"会休息，进入休眠模式，大部分科学仪器一起关闭，电源和热控系统提供仪器的保温模式。等到白天到来，系统再开始工作。月球车在月面进行为期三个月的科学探测，着陆器在着陆地点就地控制。

　　一个产品的设计，包括外形造型设计和内部结构、布局等方面，最主要的是产品的功能的实现。"嫦娥三号"的外形设计很好，白色的色彩，好似洁白的云朵，加上整个火箭装配，其长度就很可观。设计者在火箭体外设计了蓝色的分割圆带，在人的视觉上有火箭变短的感觉，在人的心理上有安全感，火箭的头部设计为带圆弧的圆锥形，对人的视觉无刺激感。"嫦娥三号"的设计、研制成功，这是中国人民的胜利，也是各个团队努力苦干的结果，为中国争了光，也说明中国人有智慧、有能力，敢于设计制造出世界上还没有的产品。

2016 年 8 月 1 日 14：14 中国凤凰资讯台讯：那只小兔休息了。官方确认"月球车玉兔停止工作"。回想那只顽强的小兔独自在没有一丝空气、没有一丝生机，在长达半个月的白天地面温度高达 150℃、连续半个月夜晚温度又降到零下 90℃ 的恶劣条件下工作，这样温度的剧烈变化，对"玉兔"来说，真是一个严峻的考验。在这种低温条件下，可以让许多气体变成液体。在月球上，致命的太空辐射到处存在，无论是光学仪器还是电子器件，随时都有可能无法工作。在月球上"玉兔"还要担任繁重无比的任务，她给月亮拍照，探寻地下埋藏的秘密，为未来的登月宇航员寻找水分，探测月亮的辐射强度。以上任务"玉兔"从太阳一升起，就不停地测算，直到 15 天后太阳下山才能休息。就这样的日子，"玉兔"持续了三个月，合同期到了，所以她停止了工作（图 5-80）。

"嫦娥三号"在月球工作期间，采用各种科学仪器，对月球、宇宙和地球进行科学观察，即"测月""巡天""观地"，获得了大量宝贵的科学数据，取得了一批原创科学成果。

她的任务已经圆满完成了，下一步的任务是怎样让发射至月球上的航天器再返回地球，这将由"嫦娥五号"的后继者来实现，也是中国人的期盼。应该说，中国的太空计划正在一步一个脚印地有条不紊地前进，胜利者必将是中国，中国得为人类造福。

图 5-80 "玉兔号"发射及工作照片

图 5-81 所示是一架世界上最大的飞行器，2016 年 8 月 17 日傍晚在英国首航成功。这架飞行器名为"Air Lander 10"，其外形像是飞机、飞艇和直升机的混合体。飞行器长92 m，比世界上最大型客机空客 A380 还长 18 m，其宽达 44 m，高 26 m，载重达 10 t。

如果改装载人可容纳 48 位乘客，如图 5-81（a）所示。飞行速度最大可达 148 km/h，可连续飞行 5 天，也可静止在天空 5 天，可直飞也可改变方向。飞行器的顶部是巨型充气体，下面是悬挂的机舱，顶部装置犹如三个"大雪茄"缝在一起，相当于普通飞机机翼的作用，能起到提升飞行器的作用，也有助于飞行器的降落。飞行过程的噪声要比直升机的噪声小得多。飞行器最高飞行高度达 4880 m。

飞行器靠氦气的特性升高，但它由尾部和两侧的发动机使其前进和改变飞行方向，有自己的发电机和操作系统，见图 5-81（b）。

该飞行器目前的主要功能是可以提供大型商业运输、民间运输、大型机械运输、灾害的救灾等。这架飞行器像一个庞然大物，相当于一个小足球场大小，造型光滑流畅，又白又胖，惹人喜爱。它的出现在未来世界很有发展前途，它不需要跑道，道路随意性强，可临时停在天空，气艇下面设计有气垫可着陆在草地、海面、沙漠等平面上。它不用油，既经济又省钱，既安全又无污染。据了解，英国混合飞行器有限公司还打算开发载重 50 t 的机型。

注：笔者并非专门研究航天之人，但也很有兴趣，也是初次接触，又参观又看书又请教，可能不少内容还是一知半解，文中可能有不足之处，因水平有限但又想科普性地宣传"嫦娥三号"和中国的航天技术，文中可能有某些错误和不适之处，敬请谅解。多谢！

（a）

（b）

图 5-81　超级飞行器

CHAPTER 6

错　觉

6.1　概　述

在日常生活中，人们观察某些形态或要素时，往往会产生与实际不符或者一会儿这样一会儿那样的感觉，这种现象称为错觉，也称视错觉。

错觉是一种现象，它的产生因素较多，有生理上和心理上的原因，也有形、光、色的相互干扰以及周围环境的影响等。对于这种客观存在的现象，只有当我们了解了它，认识了它，我们才能在产品的造型设计中自觉地考虑和利用它，或避免和矫正它，以使造型艺术达到预期的效果。

6.2　错觉的分类

1. 长度错觉

长度相等的线段，由于它们所处的方位不同，或者两端附加要素的影响，在视觉效果上会产生与实际长度不符的现象，这种现象称为长度错觉。

如图 6-1 所示，线段 $AB \perp CD$，$AB=CD$，由于 AB 为水平位置线，CD 为铅垂位置线，当人们观察时，由于视觉敏感传递速度不同，水平位置的视觉传递速度大于铅垂位置的视觉传递速度，视觉效果 $AB<CD$，这实际上是一种错觉。欲使 AB 和 CD 的长度在视觉中相等，按一般经验，将 CD 长度减少 AB 的 1/6 即可。

如图 6-2 所示，线段 $AB=CD$，在二线段两端附加不同方向的箭头，由于 CD 箭头上的斜线超出了 CD 线段长度的范围，起到了诱导视线向外扩延的作用，视觉效果 $CD>AB$。

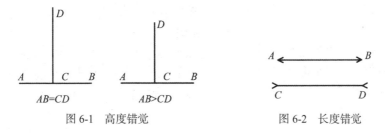

图 6-1　高度错觉　　　　　　　　　　图 6-2　长度错觉

2. 分割错觉

在产品上，如果采用某一方向的线段分割，分割前和分割后在该方向上的视觉效果会产生量的变化，这是由于分割而产生的，这种量变是一种错觉，称为分割错觉。

如图6-3所示三个完全相同的立方体，将其中两个分别用水平线和铅垂线进行分割，由于分割线对视觉上的诱导，二者分别在沿分割线的方向有变长的视觉效果。图6-3(b)在水平方向有变长的错觉，也相对地感到其高度在变小；图6-3(c)在铅垂方向有变高的错觉。

图6-4所示为显微镜的光源部件，外壳分上下两层，中间的分界面实际上也起到了对整体进行了水平分割的效果，使壳体在高度方向有所降低，从而提高了稳定感。壳体上部的软管为光导纤维，连接显微镜，以供光源。

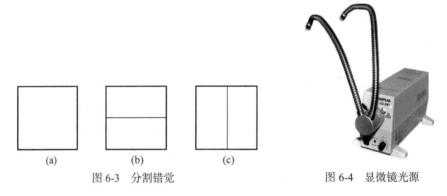

图6-3　分割错觉　　　　　　　　　　　图6-4　显微镜光源

图6-5所示为三个长度相等的矩形。将图6-5(b)的矩形按四等份分割，当观察时，由于分割竖线对视线的上下诱导，使该矩形在视觉效果上增加了高度感。将图6-5(c)的矩形进行多次等量分割，由于诸竖线横向排列所占据的长度大于竖线本身的长度，再加上由于分割线的数量较多，又有诱导视线作横向扫描的信息，该信息由于竖线数量多而传递较慢，因而产生了该矩形有横向增长的视觉效果。

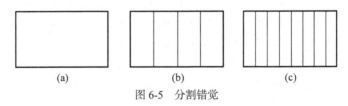

图6-5　分割错觉

如图6-6所示为一辆双层公共汽车，体积很大，主要是汽车的高度较大，这样汽车的侧面方向稳定性在视觉上变差，有侧翻的可能。解决的方法是，汽车的上层向上收缩一些，整车上小下大，增大了车的稳定性；同时，上层的高度尺寸要比下层小得多，形成了上轻下重之感。整车色彩呈大红色，有吸人眼球的效果。在心理上和实际上，车的下层很重，设计者在车的侧面中上方，写了一排宣传文字，呈水平方向，这样整车被这排大字水平方向一分为二，造成了分割错觉的效果，使整车在高度方向上有降低的感觉，增加了车的稳定感。

图 6-6　双层公共汽车

3. 变形错觉

某些图形要素，由于所处的背景不同，这种背景对人的视觉往往起到了某些诱导和干扰作用，使得原来要素的形失去了真实感，出现了某些变形，这样的变形即称为变形错觉。

图 6-7 中，两条直线线段，在不同的背景条件下，受干扰后的形象也不同。图 6-7(a) 由于诸射线对视线的诱导，其诱导的方向为诸射线的发射方向，发射点为 O_1 和 O_2，这样就导致 AB 和 CD 二平行线段在视觉上有向发射方向弯曲的趋势。同理，图 6-7(b) 中，线段 AB 和 CD 弯曲的趋势相反。

这种错觉往往被用于某些车辆或者起重设备上，如大型汽车吊，由于工作时视觉上的力矩平衡失调，造成汽车整体有倾翻的心理作用，此时总希望汽车的头部有一相反的平衡力矩，以保持车身的前后平稳，故往往在汽车的前保险杠上装饰有像图 6-7(a) 中 AB 线段处的射线。这样，在这些局部射线的诱导下，前保险杠产生了向下弯曲的变形错觉，此错觉产生了平衡汽车吊工作时向后倾翻的力矩。而在汽车的后保险杠上又装饰了如 CD 线段处的射线，以产生视觉上对汽车的支撑作用，如图 6-8 所示。

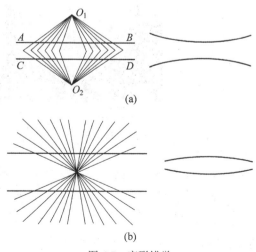

图 6-7　变形错觉　　　　　　　　图 6-8　大型汽车吊

图 6-9 所示是正在工作的大型汽车吊，汽车的色彩呈黄色，汽车的车头位于汽车吊的左边，起吊的操作室在车尾的右边。起吊时整台汽车的稳定性很差，也很危险，所以设计人员从实际考虑，把安全问题放在首位。于是在汽车的四角设计了四个很粗的支撑柱（在汽车的左前方可见一个支撑柱），工作前用液压方法使支撑柱上升，抬起汽车而使汽车轮子不受压力，当起重吊物时，重力就落在四个支撑柱上，支撑柱直接压在地面上，这样支撑柱形成的支撑面加大了。起吊时，总的重心落在了支撑面之内，所以安全可靠。汽车吊的色彩设计采用了警戒色橙黄色。图 6-8 是从视觉心理上考虑的，图 6-9 是从实际安全上考虑的。

图 6-9　汽车吊

图 6-10（a）是在二平行直线线段 *AB* 和 *CD* 之间有两条相互对应的圆弧。由于在视觉上水平直线段有稳定感，曲线有动感，故当直线与曲线相并排列时，曲线有吸引视线的能力，在观察者的心理上和视觉上，总感到弧线在对直线起着某种作用，目的是要使直线向靠近弧线的方向弯曲，以获得视觉上的动态平衡，这也是一种变形错觉，如图 6-10（b）所示。

有些显示器机壳的造型设计，荧光屏框的轮廓线呈曲线，此曲线必然要干扰机壳上平面轮廓线的平整，出现了变形错觉，呈现为凹形面，见图 6-11。为了避免此种错觉的出现，设计者往往将机壳上部平面设计成凸起的弧形面，这样在视觉上变形错觉的影响有所抵消。有时为了使电视机整机造型刚劲、挺拔、有力，消除变形错觉的影响，而将机壳荧光屏处的弧形改为直线形，还将机壳四角设计成直角或者小圆角形。

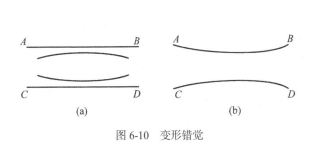

图 6-10　变形错觉

图 6-11　显示器正面外观

4. 对比错觉

对比主要是指形象之间的大小对比。两个完全相同的形象，由于二者周围环境条件的不同，当它们靠近时，观察者进行对比观察，会发现原来两个相同的形象在视觉上产生了大小不同的错觉，此即对比错觉。

如图 6-12 所示，$\triangle ABC \cong \triangle DEF$，$\triangle ABC$ 中有内切圆 O_1，而 $\triangle DEF$ 有外接圆

O_2，因外接圆 O_2 对视线有向外的诱导作用，使 $\triangle DEF$ 的三条边都有向外扩展的趋势；而 $\triangle ABC$ 的三条边紧切圆 O_1，在视觉上圆 O_1 因在三角形的内侧而有收缩感，因而也诱导三条边向内收缩；这样，当观察者对两三角形同时对比观察时，本来 $\triangle ABC$ 和 $\triangle DEF$ 面积完全相等，则在视觉上发现 $\triangle ABC < \triangle DEF$。

如图 6-13 所示为大小相等的二正方形 A 和 B，将它们分别放入大小不同的矩形框内，由于正方形 A 的矩形边框窄，而 B 的边框宽，感觉正方形 A 大于正方形 B。这种对比错觉也易理解，它好比一艘小帆船，漂泊于汪洋大海，显得很小，但如果漂泊于小池塘，则显得较大。在产品的造型设计中，往往也利用对比错觉的原理。如近年来一些电视机的机壳设计，采用了减少荧光屏周围机壳边缘宽度的方法，以产生对比错觉，使荧光屏面积有增大的视觉效果。

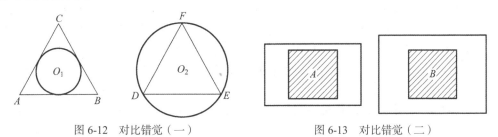

图 6-12　对比错觉（一）　　　　图 6-13　对比错觉（二）

如图 6-14 所示是液晶显示器，图 6-14（a）的边框较狭窄，有放大荧光屏的视觉效果；而图 6-14（b）的边框较宽，没有放大荧光屏的视觉效果。

（a）　　　　　　　　　　　　　（b）

图 6-14　液晶显示器边框的比较

5. 光渗错觉

人们观察两个大小完全相同的形象，一个呈黑色，另一个呈白色，由于人视觉的生理特点，对于白色，人的视网膜边缘锥体反应较弱，便感觉到白色形象的周围有一圈模糊的亮光包围着。这样，观察的结果是白色形象要比黑色形象大些，这种现象称光渗错觉。

如图 6-15 所示为两个直径相等的大圆，一为白色，一为黑色，另外有两个直径相等的小圆，这样两小圆处于不同的背景条件下，视觉效果白色小圆要比黑色小圆大。

两个大小相同、色相或者明度不同的圆，处于同一背景条件下，明度低的有收缩感，明度高的有膨胀感。在工业产品造型设计中，对于操纵台、仪器面板等的分割或者某些元件的布局，都会遇到光渗错觉的影响。如面板的分割，面积相同，而色相或者明度不同，视觉效果其大小也各有差异。对于这种错觉，可以设法纠正。

图 6-15　光渗错觉

比如使它们之间的色相或明度对比不要过大，或者采用邻近色，当然还可以在设计时使浅色的面积稍小一些。

6. 翻转错觉

平面上的某些形象，人们在不同的情况下观察时，往往会呈现出两种完全相反的形象，而且会反复交替的出现，此种现象称为翻转错觉。这种错觉的出现，大多由于人们视觉中心的不断转移或者某种形象幻觉的诱导而产生的。

如图 6-16（a）所示，当主视线落在 A 面时，则感到 A 面为空间的顶，B 面为空间的底；当主视线落在 B 面时，则感到 B 面为空间的前，A 面为空间的后。随着主视线的反复转移，视觉中的实体与空间感形象也随之交替出现。

如图 6-16（b）所示，当观察者目不转睛地注视着形象的左下角时，在一刹那间，该形象呈现为三个互相垂直的平面；当视线移动至右下角时，该形象又呈现为具有实体感的立体。随着时间的推移和视线的游动，这两种错觉也在交替地出现，这种错觉往往用于平面类的艺术形象设计。

如图 6-16（c）所示，当视线射向大矩形时，会感到大矩形里边的空间向后延伸，有透视感；当视线落在小矩形时，则感到的是往前伸的四棱锥实体。

如图 6-16（d）所示，当视点放在 A 处时，视觉好似水平相通的形体，当视点放在 B 处时，视觉好像是上下相通的形体，这种视觉是霎时的。

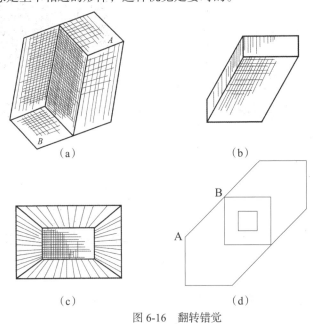

图 6-16　翻转错觉

CHAPTER

标 志 设 计

7.1 概　　述

"标志"在这里指的是有一定含义的艺术形象图案，大至一个世界组织的标志或者一个国家的国徽，小至一个小商品的商标等，统称为"标志"。例如，中华人民共和国的国徽、联合国的会徽、中国铁路的路徽、某工厂的厂徽以及国家所规定的交通规则中的一些交通符号等，全属标志的范畴。不同用途的标志，其特点也不尽相同，如会徽往往含有该会议的宗旨，并具有思想性、政治性和时代性；商标是识别商品的标志，它代表了某商品生产厂家的信誉，也是商品和消费者之间的桥梁；道路交通标志简单明了，便于识别，它是一个国家交通安全管理、信息传达的重要手段。

7.2 标志设计的实际应用

1. 对标志设计的要求

标志设计属于视觉传达设计，它具有一定的象征性和时代性，比文字更具有迅速传达信息的优越性。因而在进行标志设计时，应考虑以下要求：

① 形象简洁、明确和醒目；

② 能正确而迅速地识别和判断；

③ 形象生动、艺术、富有装饰性；

④ 具有一定的象征性和概括性；

⑤ 形象新颖、独特，便于记忆。

2. 标志形象的分类和设计

各种不同的标志一般都有其命名，这样可使标志醒目的图案和独特的名称结合起来，明确地把标志告诉人们，使标志在人们的心目中留下较为深刻的印象。

标志的形象概括起来分为文字型、几何型、自然型和图文结合型四大类，这些形象的设计是在运用造型设计要素——点、线、面的基础上进行的，经过设计者的精心构思和艺术加工，最后达到预想的要求。

1）文字型标志

文字的特点是不仅具有视觉传达的效果，而且具有读者听觉传达的效果。不同国家和地区，都有各自的文字规范和传统习惯。当今世界，人们的文化水平和审美能力不断提高，对标志的识别能力也越来越高，标志设计所采用的文字类别也在改变，如采用汉字、汉语拼音字母、英文等，设计者对文字或字母经过艺术的抽象和夸张，并进行巧妙地变形和组合，即可构成具有美感的形象。

（1）商标

商标设计不仅要注意文字的可读性，而且应与所象征的含义紧密结合，图案力争简洁、醒目、易于识别。应该注意，产品的商标不一定就是生产厂家的厂标。

（2）企业、工厂、公司、团体组织等的标志

企业、工厂等单位属集团组织，其中有国家所属单位，也有民间所属单位，由于都要参与社会交往、信息交流、经营管理等活动，往往各个集团组织都有各自独特的标志。这种标志随着集团单位的存在而存在，它的设计一般采用文字与名称相结合的图案进行构图。

2）几何型标志

几何型是指从常见的基本几何图形，如圆、椭圆、正方形、矩形、梯形、三角形、菱形等抽象出来的几何图形，并用点、线要素进行装饰成为一个有机的组合图案，但这些基本的几何图形仍保持原来的几何个性，由于装饰、组合和变形，使得基本几何图形更富有艺术效果。

（1）商标

几何图形构图方便、简洁，在商标的构图中也经常采用，尤其是商标的外形轮廓的设计。不同的外轮廓形状，将直接影响产品造型设计的协调和总体的统一。如电冰箱的基本形体呈长方形，它的商标呈圆形就不太合适，而应设计为水平方向的长方形，才能适应电冰箱有稳定要求的视觉效果。如汽车的商标，由于汽车本身的造型应该体现轻快和速度，有明显的动感，圆和椭圆个性活泼，在汽车商标的设计中应该加以考虑。

（2）企业、工厂、公司和社会团体组织的标志

这类标志的特点应该突出反映企业集团的宗旨和信誉以及其产品的个性，因此，构图既要简练，又要有一定的象征性。不同的几何图形，会使人产生不同的联想。

3）自然型标志

利用大自然中的山水花木、飞禽走兽，根据人们的生活习惯和传统，并结合产品的功能特点，对自然界的形象进行艺术加工，即构成自然型标志。这类标志最易在心理上产生共鸣，也极易理解它的内涵，从而可在人的心理上和视觉上对产品的特点产生较为深刻的印象。自然型标志还包括了有历史意义的某些建筑物。

不同国家和地区，人们对自然形象的传统含义的理解也不尽相同，但有些仍有共同点。如蝴蝶象征幸福、自由；鸽子象征和平；狮子象征喜庆、力量；牡丹象征富贵；青松象征长寿；长城象征雄伟；黄河、长江象征汹涌澎湃等。

自然型标志主要用于工业产品的商标设计，企业、工厂、公司和集团组织采用较少，

即使采用，也附加其他的内容，或者象征性符合该集团单位的工作内容和性质。

4）图字结合型标志

图字结合型标志应用比较广泛，这是由于它将文字和图形进行了巧妙的组合。文字体现关键名称，而图形又陪衬着名称、装饰着名称，使文字和图形构成一个统一、紧凑、和谐的图案。这里应该指出，要防止图案的复杂和烦琐，象征内容也不能太多。

（1）商标

由于商标是产品与消费者之间的重要桥梁，因此人们不仅希望能看到商标的形象，而且还希望能知道商标形象的名称，以加深对商标的理解，这样商标才能更好地起到桥梁作用。

（2）企业、工厂、公司和社会集团组织

这类标志一般主要表现出它的象征含义，并附有单位名称。

3. 会徽

会徽一般都有时间性和地区性，地区性更突出一些，它的内容特点应包括象征会议的宗旨、名称、时间和地区等。

4. 标志设计的时代性和传统性

标志设计的时代感，应该是适应当前人们的审美水平和审美观念，因为时代不同，人们的审美观念也不同。当代的标志设计应该体现出简洁、明快、规整、独特的艺术风格，带有高度的概括性和象征性，在表现手法上应有所创新。

任何一个国家和民族都有其传统文化、传统艺术、传统的民族风俗特色。在标志设计中，如能表现出这些"传统性"，将使产品产地特点突出，但也应具体情况具体分析。对于出口的某些机电产品，如果采用龙、凤商标，就不一定合适，甚至在国内也不太合适。因为龙、凤作为这类产品的商标，与产品的功能距离太远。而对于我国的一些传统产品，如焰火、名酒、名茶之类，就可以采用龙、凤一类的传统习惯来构思和设计商标。

5. 标志的色彩设计

由于标志的特殊性质和作用，它应该突出、醒目，给人以明确的形象、心理上的信赖和艺术的完美感。因此在配色上应从沉着、明快、鲜艳考虑。对商标的配色，应着重考虑对产品总体的装饰，使其与产品的主体色形成强烈的对比；而其他类标志的配色设计，应从空间环境的底色考虑，要形成一定的对比，并与色彩的功能结合。

6. 商标的注册

在一些商品的商标中，常会看到旁边有一个英文字母"R"，它是英文注册（register）一词的首字母，它表示该商标已经核准注册。凡经国家商标主管机关依照法定程序载入簿册的商标，就叫做"注册商标"。商标一经注册后，注册者即可享有对该商标的专用权。一般印刷在商标的右上角或左下角。

注册商标具有排他性和享用专权，其专用权受到法律的保护。也就是说，商标在注册的有效期内，他人在同一类的商品上，无权使用相同或相近似的注册商标，否则就构成侵权行为。被侵权人有权就此向工商行政管理局投诉或向人民法院起诉。情节严重的，法律部门将对直接责任人依法追究法律责任。但是，对未经注册的商标，法律则不予以保护。

7. 色彩标志设计实例

图 7-1 为标志的设计实例。

图 7-1　色彩标志实例

图 7-1（续）

图 7-1（续）

图 7-1（续）

8. 标志设计的基本方法和实例分析

① 确定标志的名称；

② 仔细、深入了解所设计标志的特殊性及其含意，并收集有关类似标志的资料，以备参考之用；

③ 确定采用文字型或者几何型等，并巧妙地运用点、线构成要素，进行艺术加工，以达到富于象征、含意深刻的目的，并进行合理的配色设计；

④ 围绕名称尽可能构思几种方案，以便从中优选；

⑤ 正式画出标志的效果图。

[例 7-1]　重庆市时装广播展评、展销、表演会的会标设计（图 7-2）。

按通常构思，既然是服装方面的标志，在标志中至少应含有服装的某些形象，但该标志并非如此。设计者大胆地突破了这种思路，追求了有时代感的新形象，抓住该会的名称"时装"二字进行构思，并着手于"时装"二字的汉语拼音字母前边两个字母"S"和"Z"动脑筋。

因为"S"字形富有优美的动感，故将字母"S"作为标志的主体，并在"S"上附加一小圆点，以此来象征时装模特儿的表演姿势。在数量上采用了 3 个"S"，来象征时装展评、时装展销和时装表演，并列的 3 个"S"又富有节奏感和韵律美。

标志中为了体现出重庆市，设计者将重庆市的汉语拼音（CHONG QING）和"装"字拼音中的"Z"放置于 3 个"S"的下边，以增强"S"的稳定感。

在外形上，利用方形外框象征广播电视，这样，会标的总体形象表现出广播电视中生动、优美、多姿的时装模特儿的精彩表演，也促进了时装展评和时装展销。

[例 7-2]　第十一届亚洲运动会会徽设计（图 7-3）。

第十一届亚洲运动会的会徽公布于 1986 年，此标志的设计突出了两个方面的特点，一方面突出了亚洲，另一方面突出了第十一届。设计者抓住了这两个特点进行构思，用亚洲的英文名词(Asia)中第一个字母"A"来表示亚洲，第十一届用"XI"表示，然后将"A"和"XI"进行巧妙的构图，出现了会徽的基本形。为了象征亚洲之伟大，用我国举世无双的雄伟长城来塑造"A"。结果，最终的形象除了表现出"A"之外，还表现出"XI"。

另外，在"A"之上方，加上了亚奥理事会会徽中光芒四射的红太阳，以体现本届亚运会是在亚奥理事会的关心和支持下筹备召开的。

在配色方面，采用白底、红太阳、绿长城这样的配色，完全与大自然相适应。

图 7-2　会标

图 7-3　第十一届亚运会的会徽

[**例 7-3**]　日本烟草盐类专卖公司标志设计。

（1）情况分析

日本烟草和盐类专卖公司的标志于 1976 年重新进行招标设计，方案达 41 种之多，经过评委们无记名投票、筛选，最后目标集中在两个设计方案上，如图 7-4（a）和（b）所示。

设计烟草和盐类公司的标志并非易事，因为主题形象难以捕捉，烟草和盐在生活中也极为常见，的确难以下手，但设计者们还是倾注以热情。

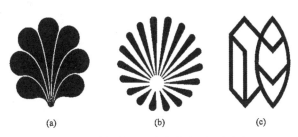

图 7-4　日本烟草和盐类专卖公司标志方案

从设计方案中了解到，多数方案采用了现代平面构成的基本方法，有时代特点。设计方案大体分为两类：一类为实物变形，另一类为抽象构成。设计者并未采用日语汉字的变形手法。实物变形方案（图 7-4（c））也可以认为是成功的标志设计，它属于直线与圆弧的组合构图，但不足之处在于形象概括得不够集中，过于局限在说明专卖的种类，因而削弱了形式美的表达力。抽象构成方案是以方和圆的图形变化组合为基本形，左边象征盐的结晶，右边象征烟草绿叶，根据现代企业标志设计的基本要求，即按照形象清晰、整体感强的特点进行构形的。

（2）优选方案的确定

方案Ⅰ（图 7-4（a））：特点是左右对称，视觉效果有稳定感，上下对比，呈现出了曲线的变化和放射状的视觉效果，有着强烈的装饰性和浓厚的人情味，并开拓了有限的空间。这一设计成功之处是，既基于实际产品的特征，又超乎自然物体之上，给人留下了深刻而美的印象，体现出了这一标志的个性。这一方案是 41 个方案中唯一具有曲线变化的优秀图案。

方案Ⅱ（图 7-4（b））：就日本的国情而言，在标志设计方面，往往以太阳为模式作为设计的基础，此方案也孕育了方案Ⅱ的成功因素，其特点也呈现为花瓣状形象。它以点的延长线的聚合，聚点的位置偏下，并夸张了花瓣的轮廓曲线，黑白均匀，运动感强，它也是一个富于生命力的现代企业的标志设计。

[**例 7-4**]　重庆水轮机厂三叶牌商标的设计（图 7-5）。

设计者构思的基础是抓住了水轮机的核心部分，即水轮机的 3 个叶片（图 7-5（a））。因为叶片形象地表现了水轮机的功能特征，而叶片工作必须在机体的内腔做旋转运动，以实现其功能。这样如果将叶片置于圆形的线框内，则整体有不稳定之感，因而设计者采用了三角形的线框。这样构图的方案，既有叶片的旋转动势，又有整体的稳定感。但由于三角形的直边和 3 个尖角观察起来比较生硬、呆板，在视觉上有刺激性，因而设计者又对三角形线框做了艺术上的加工：将3个尖角改为圆角，3条直边改为弧形边（图7-5(b)），这样使得整体设计既简洁、美观，又富于象征性，应该说是一个成功的设计。

(a)　　　　　　　(b)

图7-5　三叶牌水轮机商标

CHAPTER

8

造型与人 - 机工程

8.1 概　　述

工业产品造型设计的现代化，不仅要求造型的新颖、美观、大方，色彩宜人，符合现代人的审美要求，还要求符合人 - 机工程学。

人 - 机工程学起源于欧洲，20 世纪 50 年代前后在美国形成体系，并得以迅速发展。

1. 什么是人 - 机工程学

人 - 机工程学是一门运用生理学、心理学和其他学科的有关知识，使机器与人相适应，创造舒适而安全的工作条件，从而提高工效的一门学科。

随着现代科学技术的发展，高速、精密、准确、可靠的操作等要求，给操作者造成了相当大的精神和体力上的负担。这就要求设计人员必须充分考虑产品的形态对人的心理和生理的影响，确保安全。因为产品的物质功能只有通过人的使用才能体现出来，所以产品功能的发挥不单单取决于产品本身的性能，还取决于设备在使用时与操作者能否高度协调，即是否符合人 - 机工程学。

2. 研究人 - 机工程学的目的及其范围

人 - 机工程学研究的对象是工程技术设计中与人体有关的问题，从而使工程技术设计与人体的各种要求相适应，使人 - 机系统的工作效率达到最高。

1）研究人 - 机工程学的目的

① 设计产品必须考虑如何适应和满足人的生理和心理的各种要求；

② 产品的设计应使操作简便、省力与准确、可靠；

③ 使工作环境舒适和安全；

④ 提高工作效率。

2）人 - 机工程学的研究范围

人 - 机工程学的研究范围大致有三方面：

① 研究"人 - 机"的合理分工和相互适应的问题。造型设计中的人 - 机工程学主要是讨论在充分考虑人和机器特征的前提下，如何做到人、机职能的合理分配。当然，人 - 机

系统中人是主动者，而机器是人的劳动工具，是被动者。因此，人 - 机关系是否协调，要看机器本身是否符合人的特征。

②研究被控制对象的状态，人的操纵活动信息如何输出。显然，这里主要研究的是人的生理过程和心理过程的规律性。

③建立"人 - 机 - 环境"系统的原则。例如，研究如何进行作业空间设计和环境条件对作业的影响等。根据人的心理和生理特征，应对机器、环境提出相应的要求，即在产品设计时应考虑创造和设计一个良好的工作条件与环境，保证操作者能在最佳环境内高效、可靠、安全地进行工作。

显然，人 - 机工程学的出发点是追求人和机器的协调，特别是对具有高速运转的机械和复杂装置的机械为对象的人 - 机系统。把人与机器作为一个系统来研究，应用人 - 机工程学的原理，解决怎样设计产品才能使之适合人的使用，这一问题越来越受到重视。只有正确合理地解决上述人 - 机工程学的问题，才能设计出实用、经济、美观的产品。因此，掌握和研究与造型设计有关的人 - 机工程学的知识就非常必要了。

3. 我国成年人人体结构尺寸

《GB/T 5703—1999 用于技术设计的人体测量基础项目》标准中根据人 - 机工程学的要求提供了我国成年人人体尺寸的基础数据，它适用于工业产品设计、建筑设计、军事工业及工业的技术改造、设备更新与劳动安全保护。

该标准共提供了 7 类共 47 项人体尺寸基础数据，标准中所列出的数据是代表从事工业生产的法定中国成年人（男 18~60 岁、女 18~55 岁）人体尺寸，并按男、女性别分开列表。在各类人体尺寸数据表中，除了给出工业生产中法定成年人年龄范围内的人体尺寸，同时还将该年龄范围分为三个年龄段：18~25 岁（男、女）；26~35 岁（男、女）；36~60 岁（男）和 36~55 岁（女），且分别给出这些年龄段的各项人体尺寸数值。为了应用方便，各类数据表中的各项人体尺寸数值均列出其相应的百分位数。

1）人体主要尺寸

国标 GB/T 5703—1999 给出身高、体重、上臂长、前臂长、大腿长、小腿长共 6 项人体主要尺寸数据，我国成年人人体主要尺寸如图 8-1 和表 8-1 所示。

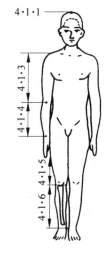

图 8-1　我国成年人人体主要尺寸

表 8-1　我国成年人人体主要尺寸　　　　　　　　　　　mm

（男） 年龄分组 百分位数 测量项目	18~60 岁							18~25 岁						
	1	5	10	50	90	95	99	1	5	10	50	90	95	99
4.1.1 身高	1543	1583	1604	1678	1754	1775	1814	1554	1591	1611	1686	1764	1789	1830
4.1.2 体重 /kg	44	48	50	59	71	75	83	43	47	50	57	66	70	78
4.1.3 上臂长	279	289	294	313	333	338	349	279	289	294	313	333	339	350
4.1.4 前臂长	206	216	220	237	253	258	268	207	216	221	237	254	259	269
4.1.5 大腿长	413	428	436	465	496	505	523	415	432	440	469	500	509	532
4.1.6 小腿长	324	338	344	369	396	403	419	327	340	346	372	399	407	421

续表

（男）

测量项目	26~35 岁							36~60 岁						
百分位数	1	5	10	50	90	95	99	1	5	10	50	90	95	99
4.1.1 身高	1545	1588	1608	1683	1755	1776	1815	1533	1576	1596	1667	1739	1761	1798
4.1.2 体重 /kg	45	48	50	59	70	74	80	45	49	51	61	74	78	85
4.1.3 上臂长	280	289	294	314	333	339	349	278	289	294	313	331	337	348
4.1.4 前臂长	205	216	221	237	253	258	268	206	215	220	235	252	257	267
4.1.5 大腿长	414	427	436	466	495	505	521	411	425	434	462	492	501	518
4.1.6 小腿长	324	338	345	370	397	403	420	322	336	343	367	393	400	416

（女）

测量项目	18~55 岁							18~25 岁						
百分位数	1	5	10	50	90	95	99	1	5	10	50	90	95	99
4.1.1 身高	1449	1484	1503	1570	1640	1659	1697	1457	1494	1512	1580	1647	1667	1709
4.1.2 体重 /kg	39	42	44	52	63	66	74	38	40	42	49	57	60	66
4.1.3 上臂长	252	262	267	284	303	308	319	253	263	268	286	304	309	319
4.1.4 前臂长	185	193	198	213	229	234	242	187	194	198	214	229	235	243
4.1.5 大腿长	387	402	410	438	467	476	494	391	406	414	441	470	480	496
4.1.6 小腿长	300	313	319	344	370	376	390	301	314	322	346	371	379	395

测量项目	26~35 岁							36~55 岁						
百分位数	1	5	10	50	90	95	99	1	5	10	50	90	95	99
4.1.1 身高	1449	1486	1504	1572	1642	1661	1698	1445	1477	1494	1560	1627	1646	1683
4.1.2 体重 /kg	39	42	44	51	62	65	72	40	44	46	55	66	70	76
4.1.3 上臂长	253	263	267	285	304	309	320	251	260	265	282	301	306	317
4.1.4 前臂长	184	194	198	214	229	234	243	185	192	197	213	229	233	241
4.1.5 大腿长	385	403	411	438	467	475	493	384	399	407	434	463	472	489
4.1.6 小腿长	299	312	319	344	370	376	389	300	311	318	341	367	373	388

2）立姿人体尺寸

该标准中提供的成年人立姿人体尺寸有：眼高、肩高、肘高、手功能高、会阴高、胫骨点高，这6项立姿人体尺寸的部位如图8-2所示，表8-2所示为我国成年人立姿人体尺寸。

3）坐姿人体尺寸

标准中提供的中国的成年人坐姿人体尺寸包括：坐高、坐姿颈椎点高、坐姿眼高、坐姿肩高、坐姿肘高、坐姿大腿厚、坐姿膝高、小腿加足高、坐深、臀膝距、坐姿下肢长共11项，我国成年人坐姿尺寸如图8-3和表8-3所示。

表 8-2　我国成年人立姿人体尺寸　　　　　mm

（男）

测量项目	18~60 岁							18~25 岁						
百分位数	1	5	10	50	90	95	99	1	5	10	50	90	95	99
4.2.1 眼高	1436	1474	1495	1568	1643	1664	1705	1444	1482	1502	1576	1653	1678	1714
4.2.2 肩高	1244	1281	1299	1367	1435	1455	1494	1245	1285	1300	1372	1442	1464	1507
4.2.3 肘高	925	954	968	1024	1079	1096	1128	929	957	973	1028	1088	1102	1140
4.2.4 手功能高	656	680	693	741	787	801	828	659	683	696	745	792	808	831

续表

（男）

测量项目 \ 百分位数	18~60 岁							18~25 岁						
	1	5	10	50	90	95	99	1	5	10	50	90	95	99
4.2.5 会阴高	701	728	741	790	840	856	887	707	734	749	796	848	864	895
4.2.6 胫骨点高	394	409	417	444	472	481	498	397	411	419	446	475	485	500

测量项目 \ 百分位数	26~35 岁							36~60 岁						
	1	5	10	50	90	95	99	1	5	10	50	90	95	99
4.2.1 眼高	1437	1478	1497	1572	1645	1667	1705	1429	1465	1488	1558	1629	1651	1689
4.2.2 肩高	1244	1283	1303	1369	1438	1456	1496	1241	1278	1295	1360	1426	1445	1482
4.2.3 肘高	925	956	971	1026	1081	1097	1128	921	950	963	1019	1072	1087	1119
4.2.4 手功能高	658	683	695	742	789	802	828	651	676	689	736	782	795	818
4.2.5 会阴高	703	728	742	792	841	857	886	700	724	736	784	832	846	875
4.2.6 胫骨点高	394	409	417	444	473	481	498	392	407	415	441	469	478	493

（女）

测量项目 \ 百分位数	18~55 岁							18~25 岁						
	1	5	10	50	90	95	99	1	5	10	50	90	95	99
4.2.1 眼高	1337	1371	1388	1454	1522	1541	1579	1341	1380	1396	1463	1529	1549	1588
4.2.2 肩高	1166	1195	1211	1271	1333	1350	1385	1172	1199	1216	1276	1336	1353	1393
4.2.3 肘高	873	899	913	960	1009	1023	1050	877	904	916	965	1013	1027	1060
4.2.4 手功能高	630	650	662	704	746	757	778	633	653	665	707	749	760	784
4.2.5 会阴高	648	673	686	732	779	792	819	653	680	694	738	785	797	827
4.2.6 胫骨点高	363	377	384	410	437	444	459	366	379	387	412	439	446	463

测量项目 \ 百分位数	26~35 岁							36~55 岁						
	1	5	10	50	90	95	99	1	5	10	50	90	95	99
4.2.1 眼高	1335	1371	1389	1455	1524	1544	1581	1333	1365	1380	1443	1510	1530	1561
4.2.2 肩高	1166	1196	1212	1273	1335	1352	1385	1163	1191	1205	1265	1325	1343	1376
4.2.3 肘高	873	900	913	961	1010	1025	1048	871	895	908	956	1004	1018	1042
4.2.4 手功能高	628	649	662	704	746	757	778	628	646	660	700	742	753	775
4.2.5 会阴高	647	672	686	732	780	793	819	646	668	681	726	771	784	810
4.2.6 胫骨点高	362	376	384	410	438	445	460	363	375	382	407	433	441	456

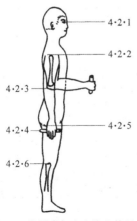

图 8-2　我国成年人立姿人体尺寸

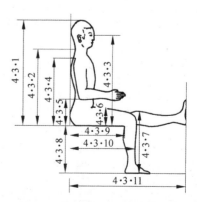

图 8-3　我国成年人坐姿人体尺寸

表 8-3　我国成年人坐姿人体尺寸　　　　　　　　　　　　mm

（男）

年龄分组 百分位数 测量项目	18~60 岁							18~25 岁						
	1	5	10	50	90	95	99	1	5	10	50	90	95	99
4.3.1 坐高	836	858	870	908	947	958	979	841	863	873	910	951	963	984
4.3.2 坐姿颈椎点高	599	615	624	657	691	701	719	596	613	622	655	691	702	718
4.3.3 坐姿眼高	729	749	761	798	836	847	868	732	753	763	801	840	851	868
4.3.4 坐姿肩高	539	557	566	598	631	641	659	538	557	565	597	631	641	658
4.3.5 坐姿肘高	214	228	235	263	291	298	312	215	227	234	261	289	297	311
4.3.6 坐姿大腿厚	103	112	116	130	146	151	160	106	114	117	130	144	149	156
4.3.7 坐姿膝高	441	456	464	493	523	532	549	443	459	468	497	527	535	554
4.3.8 小腿加足高	372	383	389	413	439	448	463	375	386	393	417	444	454	468
4.3.9 坐深	407	421	429	457	486	494	510	407	423	429	457	486	494	511
4.3.10 臀膝距	499	515	524	554	585	595	613	500	516	525	554	585	594	615
4.3.11 坐姿下肢长	892	921	937	992	1046	1063	1096	893	925	939	992	1050	1068	1100

年龄分组 百分位数 测量项目	26~35 岁							36~60 岁						
	1	5	10	50	90	95	99	1	5	10	50	90	95	99
4.3.1 坐高	839	862	874	911	948	959	983	832	853	865	904	941	952	973
4.3.2 坐姿颈椎点高	600	617	626	659	692	702	722	599	615	625	658	691	700	719
4.3.3 坐姿眼高	733	753	764	801	837	849	873	724	743	756	795	832	841	864
4.3.4 坐姿肩高	539	559	569	600	633	642	660	538	556	564	597	630	639	657
4.3.5 坐姿肘高	217	230	237	264	291	299	313	210	226	234	263	292	299	313
4.3.6 坐姿大腿厚	102	111	115	130	147	152	160	102	110	115	131	148	152	162
4.3.7 坐姿膝高	441	456	464	494	523	531	553	439	455	462	490	518	527	543
4.3.8 小腿加足高	373	384	391	415	441	448	462	370	380	386	409	435	442	458
4.3.9 坐深	405	421	429	458	486	493	510	407	420	428	457	486	494	511
4.3.10 臀膝距	497	514	523	554	586	595	611	500	515	524	554	585	596	613
4.3.11 坐姿下肢长	889	919	934	991	1045	1064	1095	892	922	938	992	1045	1060	1095

（女）

年龄分组 百分位数 测量项目	18~55 岁							18~25 岁						
	1	5	10	50	90	95	99	1	5	10	50	90	95	99
4.3.1 坐高	789	809	819	855	891	901	920	793	811	822	858	894	903	924
4.3.2 坐姿颈椎点高	563	579	587	617	648	657	675	565	581	589	618	649	658	677
4.3.3 坐姿眼高	678	695	704	739	773	783	803	680	636	707	741	774	785	806
4.3.4 坐姿肩高	504	518	526	556	585	594	609	503	517	526	555	584	593	608
4.3.5 坐姿肘高	201	215	223	251	277	284	299	200	214	222	249	275	283	299
4.3.6 坐姿大腿厚	107	113	117	130	146	151	160	107	113	116	129	143	148	156
4.3.7 坐姿膝高	410	424	431	458	485	493	507	412	428	435	461	487	494	512
4.3.8 小腿加足高	331	342	350	382	399	405	417	336	346	355	384	402	408	420
4.3.9 坐深	388	401	408	433	461	469	485	389	401	409	433	460	468	485
4.3.10 臀膝距	481	495	502	529	561	570	587	480	495	501	529	560	568	586
4.3.11 坐姿下肢长	826	851	865	912	960	975	1005	825	854	867	914	963	978	1008

（女）

年龄分组 百分位数 测量项目	26~35 岁							36~55 岁						
	1	5	10	50	90	95	99	1	5	10	50	90	95	99
4.3.1 坐高	792	810	820	857	893	904	921	786	805	816	851	886	896	915
4.3.2 坐姿颈椎点高	563	579	588	618	650	658	677	561	576	584	616	647	655	672
4.3.3 坐姿眼高	679	696	705	740	775	786	806	674	692	701	735	769	778	796
4.3.4 坐姿肩高	506	520	528	556	587	596	610	504	518	525	555	584	592	608
4.3.5 坐姿肘高	204	217	225	251	277	284	298	201	215	223	251	279	287	300
4.3.6 坐姿大腿厚	107	113	116	130	145	150	160	108	114	118	133	149	154	164
4.3.7 坐姿膝高	409	423	431	458	486	493	508	409	422	429	455	483	490	503
4.3.8 小腿加足高	334	345	353	383	399	405	417	327	338	344	379	396	401	412
4.3.9 坐深	390	403	409	434	463	470	485	386	400	406	432	461	468	487
4.3.10 臀膝距	481	494	501	529	561	570	590	482	496	502	529	562	572	588
4.3.11 坐姿下肢长	826	850	865	912	960	976	1004	826	848	862	909	957	972	996

4）人体水平尺寸

标准中提供的人体水平尺寸是指：胸宽、胸厚、肩宽、最大肩宽、臀宽、坐姿臀宽、坐姿两肘肩宽、胸围、腰围、臀围共 10 项，我国成年人人体尺寸如图 8-4 和表 8-4 所示。

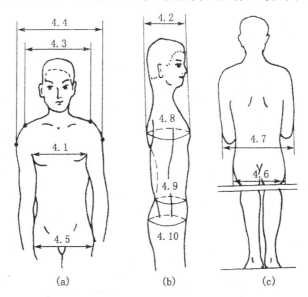

(a)　　　　　　　(b)　　　　　　　(c)

图 8-4　我国成年人人体水平尺寸

表 8-4　我国成年人人体水平尺寸　　　　　　　　　　mm

年龄分组 百分位数 测量项目	男（18~60 岁）							女（18~55 岁）						
	1	5	10	50	90	95	99	1	5	10	50	90	95	99
4.1 胸宽	242	253	259	280	307	315	331	219	233	239	260	289	299	319
4.2 胸厚	176	186	191	212	237	245	261	159	170	176	199	230	239	260
4.3 肩宽	330	344	351	375	397	403	415	304	320	328	351	371	377	387

续表

年龄分组 百分位数 测量项目	男（18~60 岁）							女（18~55 岁）						
	1	5	10	50	90	95	99	1	5	10	50	90	95	99
4.4 最大肩宽	383	398	405	431	460	469	486	347	363	371	397	428	438	458
4.5 臀宽	273	282	288	306	327	334	346	275	290	296	317	340	346	360
4.6 坐姿臀宽	284	295	300	321	347	355	369	295	310	318	344	374	382	400
4.7 坐姿两肘间宽	353	371	381	422	473	489	518	326	348	360	404	460	378	509
4.8 胸围	762	791	806	867	944	970	1018	717	745	760	825	919	949	1005
4.9 腰围	620	650	665	735	859	895	960	622	659	680	772	904	950	1025
4.10 臀围	780	805	820	875	948	970	1009	795	824	840	900	975	1000	1044

8.2　人体的人 - 机工程学参数

1. 静态测量人体尺度

人体尺度一般是指人体高度、宽度和胸廓前后径，以及各部分肢体的大小等。通常是在静止状态下直接测量（对不同种族、年龄、性别的人体各部尺寸以及活动范围作静态的测量）后，进行数据统计分析得到。

由于我国地域辽阔，不同地区的人体尺寸差异较大，因此将全国划分为 7 个区域——东北区、华北区、西北区、东南区、华中区、华南区、西南区。

1989 年 7 月 1 日颁布了《中国成年人人体尺寸》国家标准——GB/T 10000—1988，它提供了我国成年人人体尺寸的基础数据，适用于工业产品、建筑设计、军事工业以及工业的技术改造、设备更新及劳动安全保护等方面。

2. 中国各大区域人体尺寸的均值和标准差

一个国家的人体尺寸由于区域、民族、性别、年龄和生活状况等因素的不同而有所差异。我国是一个地域辽阔的多民族国家，不同地区间人体尺寸差异较大。因此，在我国成年人人体测量工作中，从人类学的角度，并根据我国征兵体检等局部人体测量资料划分的区域，将全国成年人人体尺寸划分为 7 个区域。

为了能选用合乎各地区的人体尺寸，GB/T 10000—1988 还提供了上述 7 个区域成年人体重、身高和胸围标准，见表 8-5。

表 8-5　人体身高、胸围、体重数据

（a）　　　　　　　　　　　　　　　　　　　　　　　年龄：18~60 岁（男）mm

项目	东北、华北区		西北区		东南区		华中区		华南区		西南区	
	均值 M	标准差* S_D	均值 M	标准差 S_D	均值 M	标准差 S_D	均值 M	标准差 S_D	均值 M	标准差 S_D	均值 M	标准差 S_D
体重 /kg	64	8.2	60	7.6	59	7.7	57	6.9	56	6.9	55	6.8
身高	1693	56.6	1684	53.7	1686	55.2	1669	56.3	1650	57.1	1647	56.7
胸围	888	55.5	880	51.5	865	52.0	853	49.2	851	48.9	855	48.3

续表

(b)								年龄：18~55岁（女）mm				
项目	东北、华北区		西北区		东南区		华中区		华南区		西南区	
	均值 M	标准差 S_D	均值 M	标准差 S_D	均值 M	标准差 S_D	均值 M	标准差 S_D	均值 M	标准差 S_D	均值 M	标准差 S_D
体重/kg	55	7.7	52	7.1	51	7.2	50	6.8	49	6.5	50	6.9
身高	1586	51.8	1575	51.9	1575	50.8	1560	50.7	1549	49.7	1546	53.9
胸围	848	66.4	837	55.9	831	59.8	820	55.8	819	57.6	809	58.8

* 标准差为统计学上的概念，为一特定的计算方法。

东北、华北区包括：黑龙江、吉林、辽宁、内蒙古、山东、北京、天津、河北；

西北区包括：甘肃、青海、陕西、山西、西藏、宁夏、河南、新疆；

东南区包括：安徽、江苏、上海、浙江；

华中区包括：湖南、湖北、江西；

华南区包括：广东、广西、福建、海南；

西南区包括：贵州、四川、云南、重庆。

3. 动态人体尺度测量

动态人体测量包括的内容很广，这里我们仅介绍在各种姿势中，身体的躯干部分保持不动，人的四肢活动范围的尺度测量。

1）人站立时肢体活动范围

（1）上肢活动范围（包括上肢的活动角度与触及范围）

图 8-5 是站立时，人的手臂在正前方的垂直作业范围。其中阴影区表示最有利的操作范围，粗实线大圆弧为手臂操作的最大范围，细实线短圆弧为手可达到的最大范围，虚圆弧为手臂操作适宜的范围。

图 8-6 为人手臂在水平台面上的运动轨迹范围。粗实线表示正常操作范围，虚线表示最大操作范围，细实线表示平均操作范围。

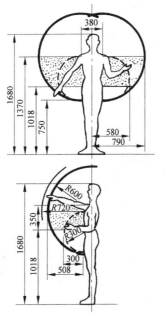

图 8-5　立姿时手臂空间尺度（单位：mm）

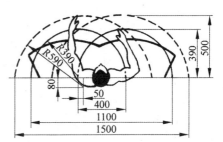

图 8-6　手臂空间尺度（俯视，单位：mm）

图 8-7 为人体上肢活动角度。

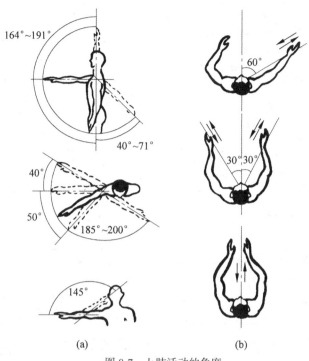

图 8-7 上肢活动的角度

单手动作时最好方向为侧向 60°；双手动作时最好方向是左右各侧 30°，双手轻松准确操作的活动方向是沿中轴线。

（2）下肢活动范围

下肢的最大活动角度见图 8-8。

2）人坐姿时肢体活动范围

（1）上肢活动范围

图 8-9 中（a）为被测对象的青年男子在手臂伸直情况下，右手在人体中线沿垂直平面不同角度上，手所触及的范围（$A=45°$，$B=105°$，$D=0°$，$E=15°$，$F=75°$分别表示手臂离开座椅参考点中轴线的角度，参看图 8-9（b），被测对象的前 3% 方可达到该要求）。

图 8-9（b）为被测对象的青年男子在手臂伸直情况下，右手在不同水平运动角度条件下所触及的范围（$A=50$，$B=225$，$C=560$，$D=1170$，$E=1015$，$F=865$分别为手离开座椅参考点的高度，被测对象的前 3% 方可达到该要求）。

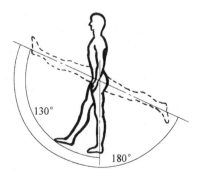

图 8-8 下肢的最大活动角度

图 8-9（c）为青年男女右手伸展情况下，做左右方向的水平运动时，在不同角度手所触及的范围（手的高度高于座椅参考点 400 mm）。图中 A 为最小 5% 的男子，B 为男子的中数，C 为最大 5% 的男子，D 为最小 5% 女子，E 为女子的中数，F 为最大 5% 的女子。

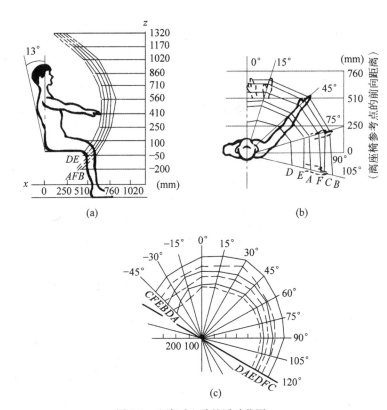

图 8-9　坐姿时上肢的活动范围

（2）下肢活动范围

图 8-10 为人体下肢活动的最大范围。

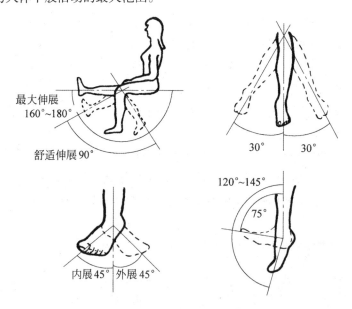

图 8-10　坐姿时下肢的活动范围

3）手关节的活动范围

图 8-11 为人体手关节活动的最大范围。

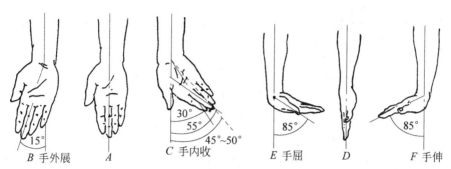

图 8-11　手关节的活动幅度

前面所述人体状态（静态、动态）的测定项目与应用对象的关系如表 8-6 所示。这些测定项目对考虑和决定设计对象的尺寸、造型具有很重要的制约力。例如，表中的人体身长与体宽的测量值就制约着出入口尺寸的设计。

表 8-6　人体测定项目及其应用举例

人体测定项目	应用对象举例
体型	缝制衣服用人体模型，工业设计用人体模型
身长	入口及通道的高，床的大小，衣服尺寸
手的大小	方向盘、把手、旋钮的造型及尺寸，手套的尺寸，键盘上键的大小
手的动运方向	把手的方向，柄的造型及安装位置，易握的条件
肘高	椅子扶手高，作业点高
指尖高	手提箱、袋的大小
指极	双手环抱东西的大小
坐高	汽车车厢内的坐卧舒适性，剧场座椅的配列
眼高	视野，操作性能
身体的周径	钻洞时所需孔径的大小，衣服尺寸
身体的宽径	车辆座席、剧场座席的大小，家具的配列
身体的容积	车厢定员，浴盆大小
膝高	桌子、椅子的高矮尺寸
足的大小	鞋、袜的尺寸，自行车脚蹬、缝纫机踏板的大小
大腿长	椅子座面尺寸、飞机坐椅的配列
下肢长	汽车的操纵性
头的大小	面具、帽子的尺寸
面孔大小	面具、眼镜的尺寸
耳朵的大小	耳机尺寸
手所及的范围	架子的高矮，吊环的高度，作业空间、器具的配置
蹲卧时的高度	澡盆的深度、起重机操作室的大小
下肢的运动域	机械的操作性
手指伸开时的大小	钢琴琴键的宽窄及间隔
步幅	台阶的间隔，裙下摆的尺寸

4. 人的视觉特征

人在工作过程中，视觉的应用是最重要和最频繁的。因为人们在认识物质世界的过程中，大约有80%的信息是从视觉得到的。所以人的视觉特征是人 - 机工程学的重要参数之一。

1）视野

（1）一般视野

指头部和眼球固定不动时，人观看正前方所能看见的空间范围，常以角度来表示。如图8-12所示，在垂直方向约为130°（视平线上方60°，下方70°）；在水平方向约为120°。最有效的视野区为水平线向上30°，向下40°；以鼻为中心，左右15°~20°的范围内。人的视野中心3°以内为最佳视觉区，虽然此区域很小，但由于眼球和头部都能运动，所以整个物体还是能很清晰地看见。

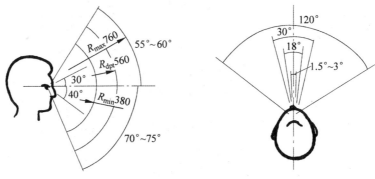

图8-12 一般视野

（2）色觉视野

各种颜色对人眼的刺激不同，色彩视野也有所差别。图8-13为各种衍射在垂直方向和水平方向的色觉视野。从图8-13可知，白色的视野最大，其次为黄、蓝、绿。绿色视野最小。

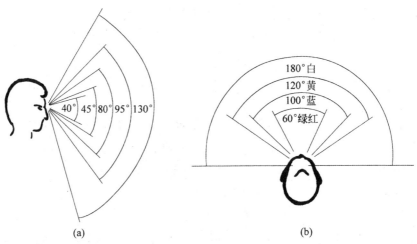

图8-13 色觉视野
（a）垂直方向色觉视野；（b）水平方向色觉视野

色觉视野与被看对象的颜色和其背景色对比有关。如白底衬黑或黑底衬白，其视野是不同的。表 8-7 是黑色背景上的几种色觉视野。

表 8-7　黑色背景上几种色觉视野

视野方向	视野 /(°)			
	白色	蓝色	红色	绿色
从中心向外侧（水平方向）	90	80	65	48
从中心向内侧（水平、靠鼻侧）	60	50	35	25
从中心向下（垂直方向）	75	60	42	28
从中心向上（垂直方向）	50	40	25	15

表 8-8　分辨颜色的情况

时间	分辨颜色情况
白天	能分辨各种颜色
黄昏或黎明	能分辨各种浓的颜色，对淡颜色分辨不清
夜间	不能分辨颜色

照度不同也影响人的眼睛对颜色的分辨能力。表 8-8 给出一天中不同时间分辨颜色的情况。

2）视距

视距在这里指人的眼睛观察操纵指示器的正常观察距离。一般选取 700 mm 为最佳视距。过远和过近对人观察操纵指示器的辨认速度和准确性都不利，一般最大视距约 760 mm，最小视距为 380 mm。

3）视觉运动规律

（1）眼睛沿水平方向运动比沿垂直方向运动快。因此先看到水平方向的形体，后看到垂直方向的形体。所以很多机器外形设计呈现为横向的长方形。

（2）人的视线扫描过程一般是由左到右，从上到下运动，观察环形形象一般是沿着顺时针方向较准确、迅速。

（3）眼睛做垂直运动要比水平运动易于疲劳。所以水平方向的观察准确度比垂直方向的要高些。

（4）如图 8-14 所示，把视觉目标分为四个象限，当眼睛偏离视中心时，在偏离距离相同的情况下，观察率高低的依次顺序为第 Ⅰ 象限→第 Ⅱ 象限→第 Ⅲ 象限→第 Ⅳ 象限。

（5）眼睛对直线轮廓比对曲线轮廓更易于接受。

4）视区的分布

（1）水平方向的视区分布（图 8-15）

① 10° 以内为最佳视区（1.5°~3° 最优），是人观察物体最清晰的区域。

② 20° 以内为瞬息区，人们在很短时间内即可辨清物体。

③ 30° 以内为有效区，人们需集中注意力才能辨清物体。

④ 当人的头部不动时，120° 以内为最大视区。当物体处于 120° 位置时，一般看起来都模糊不清，不易辨认。若头部转动，最大视区可扩大到 220° 左右。

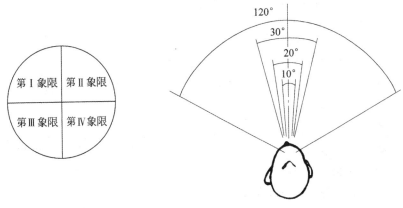

图 8-14　视觉目标四个象限的划分　　　　图 8-15　水平视区

（2）垂直方向的视区分布（图 8-16）

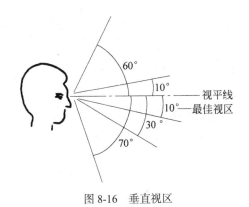

图 8-16　垂直视区

垂直方向的最佳视区往往在视平线以下约 10° 处。在视平线以上 10° 和以下 30° 范围内为垂直方向的良好视区；视平线以上 60° 和以下 70° 为最大视区。最优视区范围和水平方向相同。

8.3　显示装置设计

在人-机系统中，视觉传递是最主要的。因为在生产中实际上是操作者对生产中的信息进行传递和处理，而信息传递和处理的速度、质量与视觉传递的显示设计关系极大，所以现代工业产品设计必须重视显示装置的设计。

1. 显示装置的种类
按显示方式可分三种。
1）指针式显示器
这种显示装置应用最普遍，它通过各种形式的指针指示有关参数或状态。表 8-9 为指针式显示器的种类（根据刻度盘形状不同进行划分）。

2）数字式显示器

直接用数码来显示有关参数或状态。常见的有条带式数字显示器、荧光屏显示器、数码管或液晶显示屏等。

3）图形式显示器

这种显示装置用形象化图形指示机器的工作状态，具有直观、明显的特点。它适用于需要短时间内立即做出判断并进行操纵的场合，如飞机上用的一些仪表。

一般工业产品多采用指针式和数字式显示器，图形式显示器应用得比较少。

2. 指针式显示器和数字式显示器

1）指针式显示器与数字式显示器的特点

指针式显示器具有清晰、读数准确的特点（表8-9）。其偏差值不仅可以指出数字，还可以表示出偏差处于定值的哪一侧（正或负）。指针式显示器还可用于显示容器中液面的高度，而数字显示则有困难。

数字式显示器具有认读过程简单、认读速度快、准确度高的特点，且不易产生视觉疲劳。

表 8-9　指针式显示器的种类

种类	刻度盘固定，指针运动				刻度盘运动 指针固定
	圆形	半圆形	水平直线	竖直直线	开窗式
形式				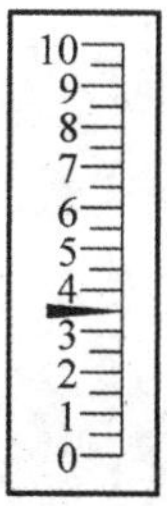	 开窗式的刻度盘也可以是其他形式
使用条件	读数范围比较小				读数范围较大
错误率/%	10.9	16.6	27.5	35.5	0.5

2）显示装置的选择

选择显示装置的原则为：

① 显示装置所显示的精确度应符合设计要求。如果显示的精确度超过需要，会造成读数上的困难和误差的增大，因此选择显示装置的精度并非越高越好。

② 信息要以最简单的方式传递给观察者。

③ 信息必须易于识别并尽量避免换算。

④ 根据不同的功能要求，选择不同的显示装置。

- 当要求反映开和关、是和否、有和无时，要选择速度快的指示灯或报警器；

- 当要求反映被控制对象的参量方向时，应选择指针式显示器，通过指针移动表示出增加或减少和比正常值偏离量；

- 当要求反映正确数量、测量值或变化值时，应选用数字式显示器，因为它的精确度高。

3. 显示装置设计

1）数字式显示器的设计

数字式显示器的基本设计原则如下：

① 数字应从左向右横排，以符合人们的视觉规律；

② 数码的高与宽之比多为 2∶1 或 1∶1；

③ 数字的变换速度必须大于 0.2 s，也就是说，每个数字至少应停留 0.2 s 才能使人观察清楚。

数码管显示多为红色或绿色，常用于各种测试数据的显示，红色比绿色更清楚，红色优于绿色。

2）指针式显示器的设计

图 8-17 为两种指针式显示器，为汽车用以显示车速和油量。在这两个例子中，表盘、指针、数字字体等的色彩设计均有所不同。

图 8-17　两种指针式显示器

（1）度盘的设计

① 形式：主要取决于设备的精度要求和使用要求。从观察的准确度和速度对表 8-9 的几种显示器进行比较，可以得出开窗式为最佳。这是由于开窗式度盘外露的刻度少，观察范围小，视线集中。由于眼睛水平方向运动要比垂直方向快，故水平方向视觉传递快，因此水平方向的观察度要高于垂直方向的准确度。所以竖直直线型显示器的认读速度最慢，准确度最低，认读错误率也最高。

② 大小：度盘的大小和人眼睛的观察距离和刻度数量有关。由表 8-10 可知，根据圆形刻度盘的测试结果可以看出，刻度盘的大小一般随视距与刻度数量增减而改变。从观察

的清晰度分析，当刻度盘尺寸增大时，度盘、指针和字符量也相应增大，但如果尺寸过大，观察者眼睛扫描的线路必然增长，在一定的时间内对读数的速度和准确度也要产生影响。当然也不宜过小，过小同样效果不好。对直径为 25~100 mm 的圆形刻度盘，通过实验分析：当直径从 25 mm 开始增大时，认读的速度和准确率也随之提高，读错率低；当直径增加到 80 mm 后，读错率高；直径处于 35~70 mm 的刻度盘，认读准确度没有什么差别。可见，直径为中间值时效果最好。但是，对刻度盘的认读速度和准确度不仅与度盘尺度有关，还与观察者的视距的比例（视角大小）有关。根据有关试验，刻度盘的最佳视角为 2.5°~3°。所以，当确定视距之后，即可标出刻度盘的最佳尺寸。根据试验，圆形刻度盘在视距为 750 mm 时，其最优直径为 44 mm。

表 8-10　刻度盘直径与观察距离及标记数量的关系

刻度的数量	刻度盘的最小允许直径 /mm	
	观察距离为 500 mm 时	观察距离为 900 mm 时
38	25.4	25.4
50	25.4	32.5
70	25.4	45.5
100	36.4	64.3
150	54.4	98.0
200	72.8	129.6
300	109.0	196.0

（2）刻度与刻度线的设计

刻度盘的刻度是人-机进行信息交换的重要途径，刻度设计的优劣将直接影响操作者的工作效率。

① 刻度：刻度线间的距离称为刻度。根据人的视觉规律和生理特点，人眼直接认读刻度最小不能小于 0.6~1 mm。一般取 1~2.5 mm，最大可取 4~8 mm。

② 刻度线：刻度线一般分为 3 级，即长刻度线、中刻度线和短刻度线。如图 8-18（a）、（b）所示。其中，为了避免反向认读的错误，可采用图 8-18（c）所示的递增式刻度线。

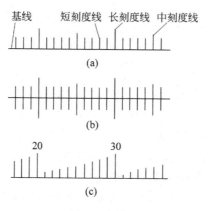

图 8-18 刻度
（a）单刻度线；（b）双刻度线；（c）递增式刻度线

③ 刻度线宽度：刻度线的宽度一般取刻度大小的 5%~15%，普通刻度线通常取 0.1mm ± 0.02mm。当刻度线宽度为刻度大小的 1/10 时，认读误差最小。

刻度线长度可按表 8-11 选用。

表 8-11　刻度线的长度和观察距离的关系

观察距离 /m	刻度线长度 /mm		
	长刻度线	中刻度线	短刻度线
0.5 以内	5.5	4.1	2.3
0.5~0.9	10.0	7.1	4.3
0.9~1.8	20.0	14.0	8.6
1.8~3.6	40.0	28.0	17.0
3.6~6.0	67.0	48.0	29.0

（3）字符设计

数字、拉丁字母及一些专用符号等是用得较多的字符。要想清楚地显示刻度使人认读得既快又准，就必须根据人 - 机工程学的要求，求得字符的最佳设计。

① 形状：形状应简单、醒目、易认。一般多用直线和尖角来加强字体本身特有的笔画，突出形的特征，切勿用草体和进行艺术上的变形与修饰，以免误认。图 8-19 中（a）、（b）在视觉条件较差的情况下，辨认率较高；在视觉条件较好的情况下，（c）比（a）、（b）要好，（d）为最佳设计之一。

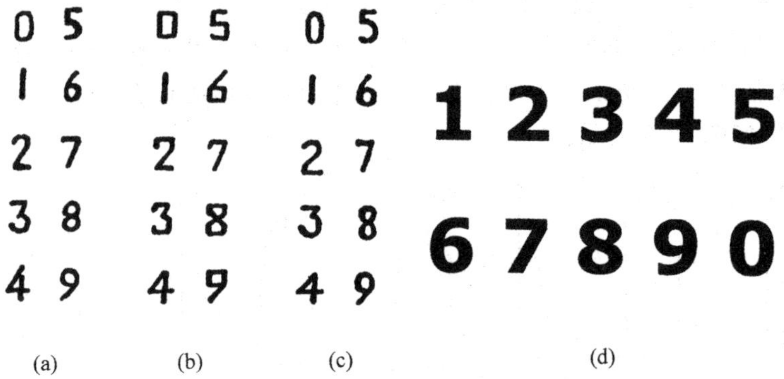

图 8-19　数字形体
（a）圆弧形；（b）方角形；（c）混合形；（d）建议字体

② 大小：一般在视距为 710 mm 情况下，仪表盘上的字母、数字大小，按表 8-12 选用；其他场合的字母、数字可按表 8-13 选用。若视距增大或减小，则表中的数值可按下式成比例增大（或减小）。

增大（或减小）的比率 = 视距（mm）/710（mm）

表 8-12　字母数字合适的大小　　　　　　　　　　　　　　　　mm

字母数字的性质	低亮度下	高亮度下
重要的（位置可变）	5.1~7.6	3.0~5.1
重要的（位置固定）	3.6~7.6	2.5~5.1
不重要的	0.2~5.1	0.2~5.1

表 8-13　一般用途的字母数字建议选用的大小　　　　　　　　　mm

视　距	字　高
<80	2.3
80~900	4.3
900~1800	8.6
1800~3600	17.3
3600~6000	28.7

③ 高与宽之比。实验证明，欲获得良好的认读效果，字体的高宽比应采用 3∶2，拉丁字母高宽比为 5∶3.5；字体的笔画粗细与字高之比为（1∶8）~（1∶6）。

必须说明，照明情况和字符与底色的色彩明度对比度等因素对观察和认读的速度、准确度等都有很大的影响。当照明度强些，对比度大时，笔画可稍细些；反之，可稍粗些。字符与底色一般多采用黑底白字。

（4）指针的设计

指针是人认读刻度的主要基础，所以对于指针的设计应从如何使人迅速而又准确地瞄准刻度这一原则出发。一般主要从下列几方面考虑。

① 形状：指针形状应单纯、明确、轮廓清晰，不宜作任何艺术性装饰。这不仅符合当代人的审美观点，而且也易于形成视觉中心。指针的针身以头顶尖、尾部平、中间宽或狭长三角形为好，如图 8-20 所示。

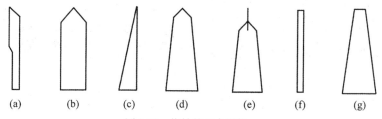

图 8-20　指针的基本形状
（a）刀形；（b）剑形；（c）直角三角形；（d）塔形；（e）带指示线塔形；（f）杆形；（g）梯形

② 宽度与长度：指针的针尖宽度应与最小刻度线等宽，以保证在阅读最小刻度值时的准确度。或者为刻度大小的 10^{-n} 倍（n 为整数）。指针长度一般距离刻度符号 1.6 mm 左右，但也不能远离刻度，针尖不可覆盖刻度符号。圆形刻度盘的指针长度不宜超过它的半径，需要超过时（如需平衡重量时），其超过部分的颜色应与度盘面的颜色相同。

③ 指针零点位置：根据人的生理特点和习惯，一般指针零点位置大都在时针 9 点或 12 点的位置上。如表 8-14 所示。在操纵台的面板上，出现若干个同一功能的指针式仪表时，它们的指针方向应该相同，这样不易造成视觉上的混乱，它们的指针零点位置在时针 9 点的位置上为最佳。

显示装置情况	零点位置
指针固定而度盘运动	时钟 12 点位置
圆形度盘	时钟 12 点或按需要定
跟踪用显示装置	时钟 12 点或 9 点位置
警戒用显示装置	时钟 12 点位置范围

（5）刻度盘、刻度线，指针和字符的颜色配置

在现代设计中，盘面通常设计为黑色，主要指针为白色或黄色、橙黄色等。而刻度线与字符应和指针同色，次要指针可为其他颜色，但应为对比色。在光线较差的照明条件下，显示器盘面应以白色为宜，而刻度线等采用黑色。总之，色彩的配置应采用对比色，但不能产生眩目现象。

8.4　操纵装置设计

人 - 机系统中，操纵装置（又称控制装置、控制器、操纵器）是指通过人的动作来使机器起动、停车或改变运行状态的装置。其基本功能是把操作者的动机输出转换给机器设备，进而控制机器设备的运行状态。操纵装置是人 - 机系统的重要组成部分，也是人 - 机界面设计的一项重要内容，操纵装置的设计是否得当，直接关系到整个系统的工作质量、安全运行及使用者操作的舒适性。操纵装置的设计必须符合人 - 机工程的要求，也就是说，必须考虑人的生理、心理、人体解剖和人体机能等方面的特性。操纵装置设计的主要内容包括：操纵装置外形、大小、位置、运动方向、运动范围、操纵力及操作过程的宜人性等。

1. 操纵装置的类型和选择

操纵装置的类型很多，见图 8-21，一般常用下列方法分类。

1）按操纵方式划分

（1）手动操纵装置，如各种手柄、按钮、旋钮、选择器、杠杆、手轮等；

（2）脚动操纵装置，如脚踏板、脚踏钮、膝操纵装置等。

这些操纵装置与人的肢体有关，其外形、大小、位置、运动方向、运动范围和操作力等，都要适合于人的生理特征，便于手和脚的操纵。

2）按操纵装置的功能划分

（1）开关操纵装置用于简单的开或关，起动或停止的操纵控制，常用的有按钮、踏板、手柄等；

（2）转换操纵装置适用于系统当中不同状态之间的转换操纵控制，如手柄、选择开关、转换开关、操纵盘等；

（3）调整操纵装置用于调整系统中工作参数定量增加或减小的操纵控制，如旋钮、手轮、操纵盘等；

（4）制动操纵装置用于紧急状态下起动或停止的操纵控制，要求灵敏度高、可靠性强，如制动闸、操纵杆、手柄、按钮等。

3）在手动操纵装置中，按其操纵的运动方式划分

（1）旋转式操纵器。这类操纵装置有手轮、旋钮、摇柄、十字把手等，可用来改变机器的工作状态，调节或追踪操纵，也可将系统的工作状态保持在规定的工作参数上。

（2）移动式操纵器。这类操纵器有按钮、操纵杆、手柄和刀闸开关等，可用来将系统从一个工作状态转换到另一个工作状态，或作紧急制动之用，具有操纵灵活、动作可靠的特点。

（3）按压式操纵器。这类操纵器主要是各种各样的按钮、按键和钢丝脱扣器等，具有占地小、排列紧凑的特点。但一般都只有两个工作位置：接通、断开，故常用在机器的开停、制动、停车控制上。近年来随着微型计算机的发展，按键越来越普遍地用在多种电子产品上。

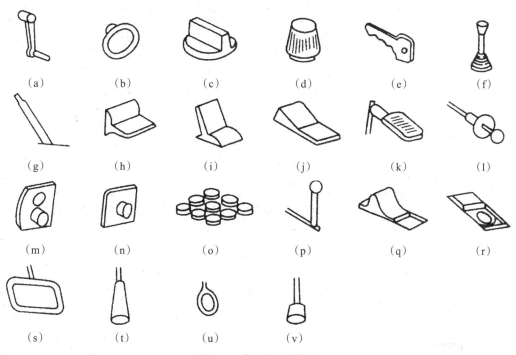

图 8-21　常见的操纵装置

（a）曲柄;（b）手轮;（c）旋塞;（d）旋钮;（e）钥匙;（f）开关杆;（g）调节杆;（h）杠杆电键;（i）拨动式开关;（j）摆动式开关;（k）脚踏板;（l）钢丝脱扣器;（m）按钮;（n）按键;（o）键盘;（p）手闸;（q）指拨滑块（形状决定）;（r）指拨滑块（摩擦决定）;（s）拉环;（t）拉手;（u）拉圈;（v）拉钮

2. 操纵装置的选择

根据操纵装置的功能特点和使用操纵装置的具体条件（如使用要求、空间位置、环境因素等）初步选择工作效率较高的几种形式，然后考虑经济因素进行筛选确定。如表 8-15 所示为常用操纵装置的使用功能对比。

表 8-15　常用操纵装置的使用功能对比

操纵器 使用情况	按钮	旋钮	踏钮	旋钮选择 开关	扳钮开关	手摇把	操纵杆	手轮	脚踏板
开关控制	适合		适合		适合				
分级控制（3~24个挡位）				适合	最多3挡				
粗调节		适合					适合	适合	适合
细调节		适合							
快调节						适合	适合		
需要的空间	小	小—中	中—大	中	小	中—大	中—大	大	大
需要的操作力	小	小	小—中	小—中	小	小—大	小—大	大	大
编码的有效性	好	好	差	好	中	中	好	中	差
视觉辨别位置	可以	好	差	好	可以	差	好	可以	差
触觉辨别位置	差	可以	差	好	好	差	可以	可以	可以
一排类似操纵器的检查	差	好	差	好	好	差	好	差	差
一排类似操纵器的操作	好	差	差	差	好	差	差	差	差
在组合式操纵器中的有效性	好	好	差	中	好	差	好	好	差

在对比后，可选出 2~3 种常用操纵装置，在表 8-16 中，优化分析后，最后确定，但必须考虑安全、可靠、方便、省力等重要项目。

表 8-16　常用操纵装置的使用功能

操纵器名称	使用功能					操纵器名称	使用功能				
	启动	不连续调节	定量调节	连续调节	输入数据		启动	不连续调节	定量调节	连续调节	输入数据
按钮	○					踏板			○	○	
扳钮开关	○	○				曲柄			○	○	
旋钮旋转开关		○				手轮			○	○	
旋钮		○	○	○		操纵杆			○	○	
踏钮	○					键盘					○

3. 手轮或摇把

手轮转动的功能相当于旋钮或曲柄，可自由做连续旋转，适合做多圈操作的场合。手轮可供单手或双手操纵，不同用途的手轮，其尺寸相差较大，如机床上使用的手轮直径一般只有 100~200 mm，而汽车驾驶盘的直径为 400~500 mm。手轮操纵力的差别也较大。

手轮的回转直径应根据需要而定，一般直径为 80~520 mm，握把的直径为 20~50 mm，单手操作时操纵力为 20~130 N，若双手操作，最大操纵力不得超过 250 N。

手轮的尺寸和操作效率与其在空间的安装位置有很大关系。一般来说，需要转动快的手轮、摇把，其转轴应与人体前方平面成60°~90°夹角；而所需用的力很大时，则应使手轮和摇把的转轴与人体前面平面相平行。如图8-22所示为汽车转向盘的空间位置与操作姿势的关系。图（a）所示是驾驶小型车辆，转向盘的转矩小，主要用前臂操作即可，因此可以采用舒适的后仰姿势；图（b）所示是驾驶一般中型车辆，转向盘的转矩略大一些，需要用到肩部和上臂的部分力量参与操作，因此不宜采用较大角度的后仰坐姿，转向盘平面和水平面在30°左右较为合适；图（c）所示是驾驶大型车辆，转向盘的转矩大，除肩部、上臂以外，有时还用到腰部的力量参与操作，因此不宜采用后仰坐姿，转向盘平面应接近在垂直水平面方向，所在位置应比较低。

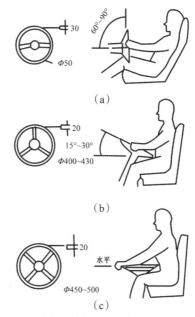

图 8-22 转向盘的空间位置与操作姿势的关系
（a）小型车辆；（b）一般中型车辆；（c）大型车辆

4. 旋钮操纵装置的设计

旋钮是各类操作装置中使用较多的一种，其外观特征是由其功能决定的。其功能可分为以下三类。

（1）适于做360°以上的旋转操作，其外观形状特征呈圆柱、圆锥形；

（2）旋转不超过360°，其外形特征呈圆柱形或接近于圆柱的外形；

（3）旋转指针对准某刻度或某种工作状态，其旋转范围不宜超过360°。

以上三种分类，应考虑在保证功能的情况下，外形美观、安全，见图8-23。

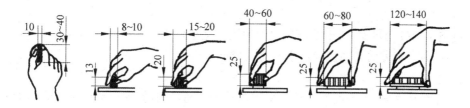

图 8-23 用手的不同部位操纵时旋钮的最佳直径（单位：mm）

8.5 控制台的设计

现代化的生产系统对于操作台的设计要求，应该是尺度宜人，造型美观，操作方便，给人以舒适感。

1. 控制台的形式和特点

目前，常用的控制台有以下几种形式。

1）桌式控制台

桌式控制台是最简单的控制台。其特点是视野开阔，光线充足，操作方便，结构简单，如图 8-24 所示。

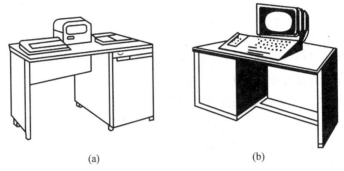

(a)   (b)

图 8-24　桌式控制台

桌式控制台适用于控制器和显示器较少且操作者需经常观察与监控其他设备情况的场合。一般控制台台面做成水平面。

2）直柜式控制台

直柜式控制台台面由一个竖直面和一个平台或几个倾斜面板组成。其特点是台面较大，视线较好。直柜式控制台适用于控制器、显示器较多和需要操作者经常观察和监控台外情况的场合。控制台的高度不宜超过人坐姿时的视平线。控制台可一人操作，也可多人操作。造型既整体，也可根据需要进行多体组合。如图 8-25 所示。

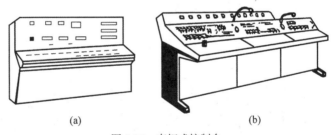

(a)   (b)

图 8-25　直柜式控制台

3）弧形控制台

弧形控制台观察条件较好，能使操作者注意力集中，操作方便，工效高。但结构比较复杂，适用于中小型的控制系统。如图 8-26 所示。

4）弯折式控制台

弯折式控制台观察条件较好，使用方便，结构稍复杂。适用于控制器、显示器很多的控制系统，通常是用若干个直柜式组成。如图 8-27 所示。

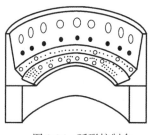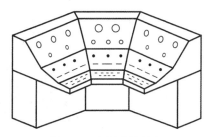

图 8-26　弧形控制台　　　　　　　　　图 8-27　弯折式控制台

2. 控制台的尺寸和布置

　　控制台的尺寸主要取决于控制器、显示器的安置、数量和人体尺寸等要求。图 8-28 是典型控制台的基本尺寸，供参考。

　　人的操作姿势有：坐姿、站姿和坐-站姿（可坐可站）3 种。根据人-机工程学的要求，控制台布置的尺寸范围也不同。

　　1）坐姿操作

　　坐姿操作往往是身躯伸直稍向前倾 10°~15°，腿平放，小腿一般垂直着地或稍向前倾斜着地，身体处于舒适状态。根据人的视觉特征和人体尺寸要求，控制台的主要布置尺寸如图 8-29 及表 8-17 所示。

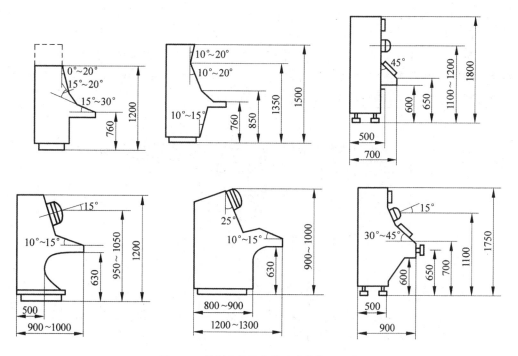

图 8-28　控制台的基本尺寸（单位：mm）

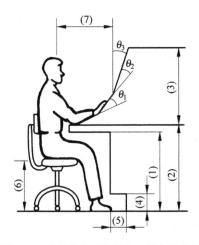

图 8-29　坐姿作业时控制台一般布置范围

图 8-29 中注释见表 8-17。

表 8-17　坐姿作业时控制台布置的尺寸范围　　　　　　　　　　mm

图中编号	内　　容	数　　值
（1）	控制台台面下的空间高度	600~650
（2）	控制台台面的高度	700~900
（3）	控制台台面至顶部的距离	700~800
（4）	伸脚掌的高度	90~110
（5）	伸脚掌的深度	100~120
（6）	座椅高度	400~450
（7）	控制台正面的水平视距	650~750
θ_1	台面倾斜角	15°~30°
θ_2	布置主要控制器台面的倾斜角	30°~50°
θ_3	布置主要显示器台面的倾斜角	0°~20°

2）站姿操作

站姿操作一般是身体自然站直或躯干稍向前倾 15° 左右，上臂抬起角度最好不超过 45°。控制台的一般布置尺寸范围如图 8-30 及表 8-18 所示。

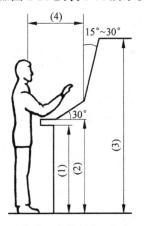

图 8-30　站姿作业时控制台一般布置范围

图 8-30 中注释见表 8-18。

表 8-18 站姿作业时控制台布置的尺寸范围　　　　mm

图中编号	内　　容	尺　　寸
（1）	控制台台面下的空间高度	800~900
（2）	控制台台面的高度	900~1100
（3）	地面至显示装置的最上限距离	1700~2000
（4）	控制台正面的水平视距	650~750

3）坐-站姿操作

此类操作台应供坐姿和站姿操作，因此要求座椅高度可根据需要调节。在座椅或控制台适当位置加设脚搁板，便于搁脚以减少疲劳，如图 8-31 及表 8-19 所示。

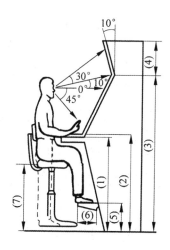

图 8-31　坐-站时控制台的布置范围

图 8-31 中注释见表 8-19。

表 8-19 坐-站姿作业时控制台布置的尺寸范围　　　　mm

图中编号	内　　容	尺　　寸
（1）	控制台台面下的空间高度	800~900
（2）	控制台台面的高度	900~1100
（3）	地面至布置主要显示器的上限高度	1600~1800
（4）	布置次要显示装置的高度	200~300
（5）	脚搁板高度	250~350
（6）	脚搁板长度	250~300
（7）	高座椅高度	750~850

8.6　操纵台面板的设计

1. 操纵台面板上显示器的总体布局

（1）面板上的显示器排列

根据人的视觉规律，显示面板的总体外形应为水平长方形。面板上的显示器排列应该符合人的视觉规律：一般是从左至右。彼此有联系的或同一功能的显示器应靠近，而且可采用分割线的方式或不同的色彩按功能分割，以形成一个完整的整体，如图 8-32 所示，使面板布置得简洁、明确、美观。

根据人的视区分布，视野 3° 为最佳视区。因此，应该把最常用、最重要的显示器布置在这个视区内，其他显示器可按其常用程度和重要性分别设在瞬息区内或有效区内。

（2）显示面板的最佳认读范围

根据实验，当眼睛离面板 800 mm 时，若眼球不动，水平视野 20° 范围为最佳认读范围，其无错认读时间为 1 s 左右。当水平视野超过 24° 以上时，正确认读时间开始急剧增加。因此，24° 为最大的认读范围。

（3）显示面板的总体布局

当显示器多、面板大时，则视距不等。一般离面板中心部分的视距最短，视力最好，最清晰，认读效率也最高。布置显示器时，应尽量避免操作者转动头部和移动座椅，以减少疲劳，提高工作效率。根据显示器数量和控制室的容量，选择如图 8-32 所示布置形式。

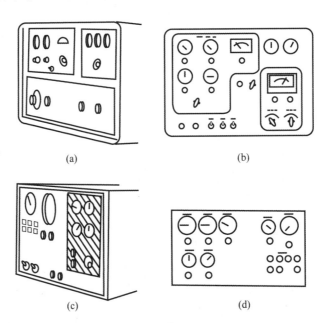

图 8-32　仪表控制板的分区方法

（a）分装在小块控制板上；（b）用分隔线分区；（c）用颜色分区；（d）用间距分区

2. 操纵台面板设计实例

如图 8-33 所示为大型操纵面板，面上原件较多，合理分布。

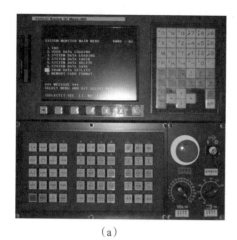
(a)

(b)

图 8-33 大型操纵面板

图 8-33（a）根据人的生理特点，右手操纵方面，面板右下角布置了电的总开关（红色），程序保护锁，主轴速度和加工进给速度。面板左上角为显示屏幕，面板的右上角为编软件键盘，面板左下区布置三个功能键盘，这种布局方案操作方便。图 8-33（b）总体元件布局类似图 8-33（a）的布局，共同点是电的总开关和显示屏幕的位置符合一般规律，编软件键盘也在右上角。

图 8-34 为生活家居面板布局。

(a)

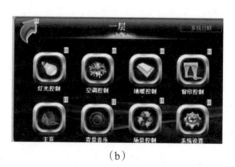
(b)

图 8-34 生活家居面板布局

（a）全宅控制面板；（b）智能家居系统面板

图 8-34

结构、材料、工艺与造型

工业产品必须在满足其功能的前提下，根据工艺和美学法则进行设计，应该达到实用、经济、美观的目的。工业产品的造型美，是在保证实用、经济的基础上提出的。但结构的合理、材料的使用、加工过程等，都将直接影响着产品的造型美，以至影响到产品在市场上的经济价值。因此，结构、材料、工艺在工业产品艺术造型设计中的地位和作用是相当重要的。

9.1 结构与造型

1. 外观件结构对造型的影响

造型与结构是产品整体设计的两个重要内容，二者是相辅相成的。结构设计也是外观效果获得造型美的重要条件之一，所以在整个产品的造型设计中，造型与结构、形式与内容应是统一的。

下面是几个通过改变局部结构去改善外观效果的实例。

图 9-1 为上箱盖与下箱体（一般是铸造零件）两个零件接触处的结构图。其中，图（a）是不宜采用的凸线装饰结构；而采用图（b）的凸线装饰和图（c）的凹线装饰结构形式较好，既起到线型装饰，又起到隐蔽缺陷的作用。

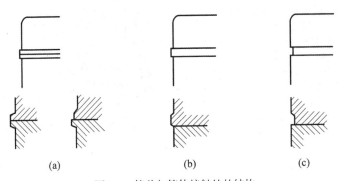

图 9-1　箱盖与箱体接触处的结构

图 9-2 中，图（a）为一般机床常用的侧壁箱盖结构。由于外观感觉凹凸变化太多，影响外形美。图（b）的结构形式经改进后，外观效果略好，但箱体上的接合面加工工艺困难。图（c）的结构简单，加工方便，结合性好。

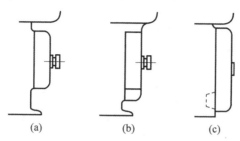

(a)　　　　　(b)　　　　　(c)

图 9-2　侧壁箱盖的结构

2. 内部传动结构对造型的影响

工业产品的内部传动结构部件，虽然在内部，因为它影响着造型的比例尺度与整体的外观形态以及操纵手柄的多少和位置的布局，因此它对外观造型的影响却是十分突出的。

图 9-3 是 B665 型牛头刨床，内部的传动系统采用的是曲柄连杆机构。这种传动系统使部分机构外露，特别是连杆的平面运动，对机床的操纵和外观造型都影响很大，并且烦琐、凌乱。改进后为图 9-4 所示的 BD6050A 型牛头刨床。由于传动结构方式改为偏心轮 - 齿轮 - 齿条 - 超越离合器走刀系统的结构方案，克服了走刀机构外露的缺点，使机床外观整体性强并有安全感，外部线型风格协调一致，操作方便，获得较好的造型效果。

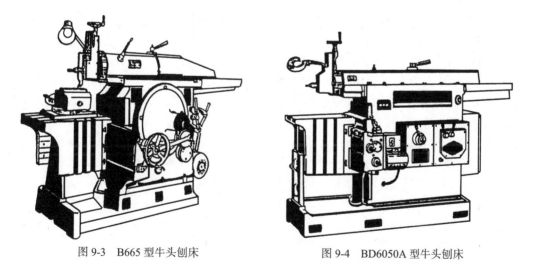

图 9-3　B665 型牛头刨床　　　　　图 9-4　BD6050A 型牛头刨床

现代机械产品的控制方式更趋先进，随着数控、数显、光控和微电子技术的应用，机控、手控相应减少。这种结构的变化，更将深刻地影响着产品的外观造型。

9.2　材料与造型

材料是产品的物质基础，当代工业产品的先进性不仅体现在它的功能与结构方面，而且也体现在新材料的应用和工艺水平的高低方面。材料本身不仅制约着产品的结构形式和尺度大小，还体现材质美的装饰效果，所以合理地、科学地选用材料是造型设计极为重要的组成内容。

1. 造型材料的特性

从材料的性能来讲，一般机械工程材料要具有足够的机械强度、刚度、抗冲击韧性等机械性能，而电气工程材料除了机械性能外，还需具备导电性、传热性、绝缘性、磁性等特性。但从造型角度来讲，除上述要求外，还要具备下列特性。

1）感觉物性

所谓感觉物性是通过人的器官感觉到材料的性能，为冷暖感、重量感、柔软感、光泽感、纹理、色彩等。

目前所使用的材料品种繁多，一般可分为两大类：即天然材料（木材、竹子、石块等）和人工材料（钢材、塑料等），它们分别都有自身的质感和外观特征，给人的感受也不同。

木材：雅致、自然、轻松、舒适、温暖；

钢铁：深沉、坚硬、沉重、冷凉；

塑料：细腻、致密、光滑、优雅；

金银：光亮、辉煌、华贵；

呢绒：柔软、温暖、亲近；

铝材：白亮、轻快、明丽；

有机玻璃：明澈透亮、富丽；

毛皮：柔软、手感好。

以上这些特性，有的是材料本身固有的，有的是人心理上感应的，有的是人们生活习惯、印象所造成的，有的是人触觉到的，等等。造型设计对材质的选用是根据不同的产品特性和功用，相应地选用满意的造型材料，运用美学的法则科学地把它们组织在一起，使其各自的美感得以表现和深化，以求得外观造型的形、色、质的完美统一。

2）化学稳定性（环境耐受性）

化学稳定性指现代造型材料不因外界因素的影响而褪色、粉化、腐朽乃至破坏。

外界因素多种多样，有室外和室内，水和大气，寒带和热带，高空和地上，白天和黑夜等。如室外使用的塑料制品，就应选用新的 ABS 树脂塑料或选用耐受性优良的聚碳酸酯塑料材料。

3）加工成型性

产品的成型是通过多种加工途径而实现的，材料的加工成型性是衡量一种选型材料优劣的重要标志之一。

如木材是一种优良的造型材料，主要是其加工成型性好。而钢铁之所以是现代工业中最重要的造型材料，同样也是因为其具有加工成型性好的特性。钢铁的加工成型方法较多，如铸造、锻压、焊接和各种切削加工（车、钻、铣、刨、磨等）。

目前，现代化大生产中，成型性能好的造型材料除钢铁外，还有塑料、玻璃、陶瓷等。

4）表面工艺性

工业产品经加工成型后，通常会对基材进行表面处理，其目的是改变表面特征，提高装饰效果；保护产品的外观美，延长其使用寿命等。

表面处理的方法很多，常用的有：喷涂、电镀、化学镀、钢的发蓝氧化、磷化处理、铝及铝合金的化学氧化合阳极氧化、金属着色等。

根据产品的使用功能和使用环境，正确地选用表面处理工艺和面饰材料是提高工业产品外观质量的重要因素。

2. 造型材料对外观造型的影响

前面谈到，造型材料对产品外观质量有着极为重要的意义。例如，工程塑料产品日益剧增，很重要的原因之一是塑料的加工成型性能好。它几乎可以铸塑成任何形状复杂的形体，为造型者构思产品的艺术形象提供了有利的条件。

目前一般电视机、电脑等的外壳都采用了工程塑料，既可使其外壳线型圆滑流畅，又方便在内壁提供支撑点，生产率高，成本也低，外观造型效果也好。

由于塑料有铸塑性能好的特点，其变性大，并可电镀和染色，可获得各种鲜艳的色彩和美观的纹理，所以照相机、录像机等的外壳大都用塑料制作。其表面一般为黑色或灰色，给人以高贵、含蓄、典雅、亲切的感觉。目前，相机、摄像机等产品的外壳尝试采用轻金属、不锈钢材料，手感和外观更好。

在产品的造型设计中，由于采用了新材料，使产品造型新颖、别致，从而提高了产品的外观质量，并占有市场。因此，造型设计者应及时掌握和熟悉各种新材料的特性，并根据具体条件大胆地用于产品，这一点尤为重要。

如图9-5所示相机，其整体呈长方形，四角为小圆角，正面镜头和其他元素呈一字排列，机壳正面下部冲压为突出平面，平面装饰为两种色彩型曲线，有活泼感，不死板，相机外壳用轻金属冲压成型，表面光滑，手感很好，美观大方。

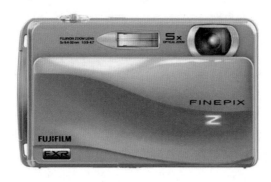

图9-5 相机

9.3　工艺与造型

工业产品的艺术造型不仅是纸面上新颖而美观的图样设计，更重要的是通过先进而合理的工艺手段，使它成为有使用功能的具体产品。否则，再美观的外形，也不过像一幅美丽的画一样，只能供人们欣赏。表面处理、装饰工艺则是完美造型的基础。它们互相结合、渗透和促进，使之达到工艺美的艺术效果。

1. 加工工艺对外观造型的影响

不同的加工工艺可产生不同的工艺美感，不同的工艺美感则影响着产品的性格特征，因此采用不同的工艺方法，所获得的外观造型效果也不相同。

车削有精细、严密、旋转纹理的特点。

铣磨加工具有均匀、平顺、光洁、致密的特点。

板材成型有棱、有圆，具有曲直匀称、丰厚的特点。

焊接型材组合件则由于棱角分明而给人以秀丽、圆润、大方之感。

铸塑工艺有圆润的特点。

喷砂处理的铝材具有均匀坑痕，表面呈现亚光细腻的肌理，有含蓄的特点。

经皱纹处理的铝材具有精致、细腻和柔和的特点。

工艺对产品的外观质量影响很大，除了上述的加工方法这个影响因素之外，还有工艺水平之高低。在对产品的加工生产中，往往由于工艺水平很低，加工表面粗糙而不细腻，从而造成外观质量低劣，应当引起高度注意。

当然，新工艺代替传统的或陈旧的工艺，是提高艺术造型效果的有力措施。因此，造型设计者必须不断地学习和掌握新工艺，利用新工艺和创造新工艺，才能设计出更新颖、更美观的产品。

2. 造型中的表面处理工艺

表面处理工艺是造型完成前从质感、光泽、肌理、硬度、色彩等方面对产品外观进行最后的润饰。通常可分两大类。

① 同一材料的最后加工：主要通过机械加工、热处理、研磨、抛光等方法，降低表面粗糙度，改善光泽、亮度、质感、手感和风格等。

② 异种材料的组合或附着：这种方法有喷、镀、涂、饰、漆等。工艺手段十分丰富，如静电喷塑等，可给产品增加不少美感。

1）机械精加工

除内部装配结构的需要外，机械精加工主要是对外露的金属表面施以精整加工，其目的是使表面光洁、明亮，达到高的表面质量要求。它包括：精车、精刨、精铣、精磨、研磨、铲刮、抛光和各种无屑加工如滚压加工等，但严要求是关键。

2）油漆、涂装工艺

这种工艺是对各种金属和非金属材料表面进行装饰和保护的一种重要方法。

油漆是一种流动性的物质，能够在产品表面展成连续的薄膜，经一定时间后，牢固地附着于产品表面上，形成一层坚实的外皮，从而起到保护与装饰产品的作用。下面介绍一些常用的涂料特性及外观效果，便于设计时合理选用。

表 9-1 为机电产品中常用装饰涂料的性能特点以及外观效果。

表 9-1　机电产品中常用装饰涂料的性能特点及外观效果

类别	名称	性能特点	个性特点	用　途
油脂漆	清漆	漆膜柔韧，附着力好，有良好的耐大气性，不易粉化和龟裂，价格便宜，施工方便。但油脂漆干燥缓慢，机械性能不高，不能打磨和抛光，硬度和光泽都不够满意	透明、干性良好	可单独用于室内外各种金属、木材、织物表面，调制原漆和红丹防锈漆
	厚漆		稠厚的浆状漆，用时加清油调制	用于室外建筑、桥梁、船舶的涂刷或打底
	油性调和漆		干性较慢，漆膜较软，光泽及平滑性比磁性调和漆差，但附着力、耐气候性优于磁性调和漆	用于室外一般金属、木材、砖、石的涂装
天然树脂漆	虫胶清漆	施工简便，价格低廉，漆膜性能较油脂漆高，有较好的装饰性和一定的防护作用。但耐久性不好，在大气条件下，短期内即失光、粉化、龟裂	光亮透明，可刷涂各种不同的颜色。但不耐酸碱和水，不耐日光曝晒，易吸潮发白	用于室内各种木器、家具、乐器及一般电器覆盖及油漆的隔离涂层
	脂胶漆		脂胶漆干性良好，漆膜坚韧，颜色鲜艳，耐水性强，附着力好，有一定的耐气候性	用于室内金属及木材表面
	钙脂漆		漆膜坚硬、光亮、平滑，价廉物美。但不耐久、不耐水，机械性能差	用于室内金属及木材
酚醛漆	100%油溶性纯酚醛树脂漆	漆膜坚硬耐久	防潮性、耐碱性、抗海水性、耐气候性和绝缘性好，成本高	主要作为船用漆、桥梁漆、绝缘漆、耐碱漆、金属底漆
	松香改性酚醛树脂漆		干性良好，有一定的耐水、耐酸碱和绝缘性，但易变黄	用于室内外各种金属和木材的装饰及保护（建筑工程、交通工具、机械设备等）
	醇溶性酚醛树脂漆		属于热固性，附着力好，耐水、耐热、耐酸碱、耐溶剂且有良好的绝缘性和粘结强度	使用不够广泛
沥青漆	沥青漆	有极好的耐水性，具有良好的耐化学药品性、绝缘性	漆膜坚韧、黑亮，机械强度好，具有耐油性，装饰效果好	广泛用于各种耐水、防潮涂层
	沥青烘漆			多用于自行车、缝纫机、五金零件表面的涂装

类别	名称	性能特点	个性特点	用 途
醇酸漆	长油度醇酸漆	漆膜坚硬，附着力强，机械性能好，有较好的光泽，有一定的绝缘性，来源充分，价格便宜。但干结快而粘手时间长，易皱，不耐水，不耐碱	漆膜柔韧、光亮耐久，有良好的保光性，但漆膜干燥较慢	多用于室外建筑、车辆、农业机械的涂装
	中油度醇酸漆		具有长油度和短油度醇酸漆的共同特点，性能全面优良	用于室内外各种金属的涂装
	短油度醇酸漆		漆膜坚硬耐磨，干燥迅速，但脆性大，流平性差，不耐久，不耐日光、风雨	用于室内各种机器、家具的涂装
氨基漆	脲醛树脂漆	漆膜坚韧，光亮平滑，色彩鲜艳，附着力强，保色性好，耐气候性好，不粉化龟裂。施工方便，流平性好。具有一定的耐水、耐油、耐溶剂、耐化学品性能和绝缘性		广泛用于各种金属制品、交通工具、仪器仪表、自行车、缝纫机、热水瓶、医疗器械、电气设备等的装饰和保护
	三聚氰胺树脂漆			
硝基漆	外用硝基漆	干燥迅速，漆面光泽，质量好，机械强度好，漆膜坚硬耐磨，可打蜡抛光。有耐久、耐水、耐油、不变色、耐化学品等性能。但漆膜易发白，结膜单薄，流平性差	光亮平整，不易分解，不泛黄，硬度高	用于室外各种车辆、机械设备、仪器仪表及其他金属木材制品
	内用硝基漆		附着力强，但耐水性、耐气候性、耐磨性差。用于室外，易粉化、龟裂，价格便宜	用于室内各种机器设备、仪器仪表、日用家具
过氯乙烯漆	过氯乙烯防腐漆	干燥迅速，施工周期短，漆膜柔韧。有较好的大气稳定性和卓越的化学稳定性及抗腐蚀能力。有耐水、耐油、耐酒精、防霉、防火、防盐雾等特点。但附着力差，漆膜软，耐热性差，温度高时色变暗、易脆、易裂	具有优良的防腐蚀性，耐酸、耐碱性和良好的机械性能	用于化工机械设备
	过氯乙烯航空用漆		有极好的大气稳定性，有一定的硬度、弹性及对燃油的稳定性、防燃烧性	用于飞机的涂装，也可用于处理后的轻金属、布质和木质表面
	一般过氯乙烯漆		漆膜光亮，色彩鲜明、艳丽，具有良好的装饰性和室外耐久性	用于车辆、机器设备、农业机械的涂装，特别适合亚热带和潮湿地区使用。目前机床产品广泛采用

续表

类别	名称	性能特点	个性特点	用　途
丙烯酸漆	热塑性丙烯酸漆	漆膜干燥迅速，附着力强，机械性能好，不易泛黄，不变色，耐气候好，能耐一定酸碱	坚韧耐磨，漆膜丰满，有极好的光泽	广泛用于飞机表面及铝镁合金的涂装
	热固性丙烯酸漆		需经高温固化，漆膜脆性大，原料少，价格高，目前应用丙烯酸改性过氯乙烯双组分漆较多	用于小轿车、自行车、仪器、仪表等要求较高的涂装
环氧漆	冷固型环氧漆	硬度高，韧性好，具有良好的附着力，弹性好，耐久性好，耐屈挠，耐冲击，抗化学性，抗碱性，抗腐蚀性，耐热性和绝缘性好。但表面粉化快，对人有刺激性。涂膜坚硬，耐磨性好，附着力强，防潮、防霉性较好		广泛用于受潮湿、水浸和化学腐蚀的金属、木材表面涂装
	酯化型环氧漆			用于受海水及海洋雾气侵蚀的钢铁、铝镁金属表面的底漆及面漆涂装
	热固型环氧漆 1.环氧酚醛漆		漆膜既坚固又柔韧，抗化学腐蚀性和耐水性好	用于食品、桶罐内壁的涂装
	2.环氧氨基漆		耐高温不变色，具有高度光泽	用于烘烤的金属装饰层
	3.环氧氨基醇酸漆		漆膜具有高度弹性，附着力好，耐冲击，漆膜饱满光泽，耐磨性、耐湿热性好	用于车辆、金属柜、五金制品、仪器仪表、玩具等的装饰保护涂层
美术漆	皱纹漆	能给涂面以丰富多样的色彩，并能形成美丽的花纹，使物面多彩、动人，是极优美的装饰涂料	色彩鲜艳、美观，形成美丽均匀的皱纹，可掩饰物体表面不平整的缺陷。但易结垢，不耐久，不耐晒	用于仪器仪表、打字机、放映机、照相机及小五金的表面装饰
	锤纹漆		漆膜具有美丽的类似敲打的锤痕花纹，色彩调和，光亮坚韧，易擦洗，不积垢，但浅色用于室外易变色	用于各种精密仪器、仪表、小型机床的涂装保护
	珠光漆		色彩艳丽，闪烁发光，晶莹透明，附着牢固，坚硬，保色性好，耐晒	用于轿车、客车、家用电器、仪器仪表、小型机械、玩具等
	晶纹漆裂纹漆结晶漆枯纹漆			

类别	名称	性能特点	个性特点	用　途
水性涂料	电泳漆（电积沉涂料）	污染小，涂装可自动化，适合成批生产，漆膜无厚边、无流挂、均匀，与面漆结合力好	作为黑色金属表面防护涂层具有透明及金属本色感觉	作为机电产品黑色及有色金属表面漆
	自泳漆（自动积沉涂料）	污染小，防腐性良好，涂装工序简便，节约能源，可自动化涂装，适合大量生产，价格便宜，泳透力强，涂层均匀，具有"高耐用、低污染、节能源、不用油"四大优点		作为黑色金属表面底漆，作面漆应用也具有特别的外观效果

表 9-2 为主要类别涂料的物理性能。

表 9-2　主要类别涂料的物理性能

性能＼涂料	醇酸漆	氨基漆	硝基漆	酚醛漆	环氧漆	氯化橡胶漆	丙烯酸漆	过氯乙烯漆	沥青漆	聚酯漆	有机硅漆	乙烯漆	聚氨酯漆
干燥方式	烘干、自干	烘干	自干	烘干	自干	自干	烘干、自干	自干	自干、烘干	自干、烘干	烘干	自干	湿固化自干
干燥温度/℃	120~170	120~170	—	150~200	—	—	150~200	—	150~200	150~200	150~200 300~400		
烘干时间/min	15~30	15~30	—	20~40	—		20~40		30~60		20~40		
硬度	C	A	C	A	B	E	B	C	C	B	C	B	A
对金属的附着力	B	B	C	C	A	C	C	D	B	C	D	B	C
保色性	B	B	B	E	D	C	A	C		C	A	D	D
耐水性	D	B	D	C	C	C	C	B	A	C	C	B	C
耐大气性	C	B	C		E	C	A	C	D	C	A	C	C
耐磨性	D	B	C	B	A	E	C	C	C	C		A	A
防锈性	C	C	D	C	C	C	C	D	C			B	C
柔韧性	C	C	D	E	E	C	E	B	D	E	C	B	C
光泽	B	A	C	D	E	E	A	C	A	C	B	C	D
耐热性	D	C	E		D	E	D	E	B	C	A	C	D
耐冲击性	A	A	A	C	A	A	A	C	B	C	A	A	A

涂料\性能	醇酸漆	氨基漆	硝基漆	酚醛漆	环氧漆	氯化橡胶漆	丙烯酸漆	过氯乙烯漆	沥青漆	聚酯漆	有机硅漆	乙烯漆	聚氨酯漆
毒性	无	小	小	无	无	无	无	无	无	无	无	无	小
最高使用温度 /℃	100	120	80	170	170	100	140	70	100	100	500	100	150
成本	中	低—中	低	高	高	中	中—高	中	低	高	很高	中	高

注：A—最好，B—好，C—次，D—差，E—最差。

目前我们推荐市场上较好的油漆，如多邦（美国）、都芳（德国）和紫荆花油漆（香港）等。表 9-3 为一般涂料与被涂装材料的适应性关系。

表 9-3　一般涂料与被涂装材料的适应性关系

涂料\材料	油性漆	醇酸漆	氨基漆	硝基漆	酚醛漆	环氧漆	氯化橡胶漆	丙烯酸漆	氯醋共聚漆	偏氯乙烯漆	有机硅漆	聚氨酯漆	呋喃漆	聚醋酸乙烯漆	醋丁纤维漆	乙基纤维漆
钢铁金属	A	A	A	A	A	A		B	A	B	A	A	A	B	B	B
轻金属	B	B	B	B	A	A	C	A	B	A	A	A	C	C	B	B
金属丝	B	B	A		A	A	B	D	A	B	A	A	D		B	A
纸张	C	B		B	B	B		B	B	A	A	A		A	B	A
织物	C	A	B	A		B	B	A	B	A	A	A		C	A	A
塑料	C	B	B	A	B	C	B	A	B	A	A	A	A	A	B	A
木材	B	A	A	B	B	B	A	B	A	A	A	A	A	A	A	C
皮革	C	A	D	A	C	C	B	A	B	A	A	A	A	C	E	A
砖面	D	A	B	A		A	A	A		A	A	A	A	B	E	C
混凝土	C	D		E	A	A	A	A	B	A	A	A	A	A	D	B
玻璃	D	B	A	B	A	A	E	E	B		A	A	C	B	D	C

注：A—最好，B—好，C—次，D—差，E—最差。

表 9-4 为不同性质的塑料表面涂装所需的涂料性质和涂装前的处理工艺。

表 9-4　不同性质的塑料表面涂装所需的涂料性质和涂装前的处理工艺

塑料种类	涂装前处理	涂料选择
聚乙烯	铬酸处理、火焰处理等	以胺固化环氧树脂作底漆可得到最佳的附着力，涂环氧底漆后再用低温快干的三聚氰胺醇酸作面漆

塑料种类	涂装前处理	涂料选择
聚丙烯	铬酸处理、火焰处理等另将涂料放在87℃全氯乙烯、三氯乙烯、五氯乙烷、苯或萘烷等溶剂中处理15 min	选用以氯化橡胶、氯化聚丙烯、丙烯酸树脂或硝基纤维素为基料的涂料
	不经表面处理	常用石油树脂和环化橡胶的混合物、石油树脂和氧化聚丙乙烯的混合物或乙烯醋酸乙烯共聚物和氯化聚丙烯的混合物等为涂料
	用甲苯进行处理	采用丙烯酸 - 三聚氰胺或醇酸 - 三聚氰胺涂料系统，加入酸作催化剂，90℃烘烤20 min
复合聚烯烃	在萜烯及含有氯化聚丙烯树脂的溶剂中处理	涂装聚氨酯涂料
聚苯乙烯丙烯酸树脂聚碳酸酯		先涂掺有少量醇类溶剂的丙烯酸涂料，再涂聚氨酯涂料
ABS 树脂		采用改性硝基涂料和丙烯酸涂料或用丙烯酸改性醇酸树脂，用三聚氰胺树脂作交联剂，加酸作催化剂，80℃烘烤20 min
聚甲醛	触媒底漆法铬酸处理	涂三聚氰胺醇酸或三聚氰胺丙烯酸涂料并烘烤
改性聚苯醚树脂		涂丙烯酸涂料
聚酰胺（尼龙）	磷酸处理	涂磷化底漆后再涂面漆
不饱和聚酯树脂		可采用一般硝基涂料、丙烯酸树脂涂料、聚氨酯树脂涂料和不饱和聚酯涂料
酚醛树脂和氨基树脂		采用环氧或聚氨酯涂料

3）电化学处理工艺

对产品外观局部表面进行电化学工艺处理，以提高表面光洁度，可以增加表面镀层、保护膜及表面染色等，从而提高金属表面的外观质量。因此，这种工艺方法在工业造型设计中被广泛应用。

（1）电抛光

利用电化学作用使金属零件表面平整光洁的一种表面处理工艺。它可以得到镜面光亮的表面，提高装饰性。

（2）电镀

利用电化学作用把某种金属（如铬、锌等）覆盖在基础零件上，形成一层或多层镀膜，达到防锈、防蚀、装饰等作用，从而提高造型物的外观质量。

（3）氧化处理

利用电化学作用在零件表面上形成一层薄而多孔并有良好吸附性能的膜，以提高外涂层的防护、装饰性。这种工艺主要用于铝及铝合金的表面处理，大多应用于飞机及电子仪器上。对钢铁零件经过发蓝氧化处理后，使零件表面生成一层很薄的、致密的、能耐腐蚀的蓝黑色氧化膜，所以经常称为"发蓝"。

金属着色是近年来发展很快的一种氧化处理工艺。由于经氧化后的零件可以染成各种颜色，所以可作为表面装饰和不同用途的标记使用。它的应用范围越来越广，主要用于轻工业及日用工业产品等的装饰。

（4）磷化处理

指钢铁零件经过化学处理使零件表面生成一层不溶于水的磷酸盐薄膜。

磷化膜的颜色为灰色或暗灰色的结晶状态，其外观效果虽没有发蓝处理那样光亮，但它的膜层比发蓝膜厚，其抗蚀能力为发蓝膜的2~10倍。另外，磷化膜与油漆有较高的结合力，可以增强油漆外观的保持性。因此，在机电产品造型中为涂装前很重要的处理方法。

广 告 设 计

广告就是"广而告之"，是向广大群众介绍、宣传某种产品、某项社会活动、商业、旅游、政府通知等，起桥梁和媒介的作用，是一门综合性的交叉学科。

对于工业产品而言，可以通过广告介绍产品的功能、性能、造型、适用领域、该产品的优点以达到吸引人们的眼球与刺激其购买欲望的目的。

10.1　广告设计基本原则

广告设计的基本原则：

（1）广告内容应新颖，吸引人的眼球；

（2）广告语言简练、精辟、风趣、易记；

（3）内容介绍实事求是，不夸大宣传，不言过其实；

（4）不攻击别人，抬高自己，要诚信至上；

（5）华丽、醒目、内容多而不乱、重点突出。

10.2　广告设计的内容和构图

1. 内容

1）标题

广告要宣传的产品是主题，是主要的宣传对象。

2）广告语

围绕将要宣传的产品，选用一些朗朗上口又有号召力的短句作为广告语。

3）画面

用媒体或画面表现出产品的形象，色彩配衬，添加一些其他画面起到点缀作用；特别是对于名牌产品，通过巧妙的设计来凸显产品的名称和品牌，让人们不仅记住产品的名称，同时记住产品的品牌。

4）文字

一般要求醒目、易读、给人以美感。若需要同时使用中文和英文字体，应该尽量保持字体的种类不超过三种，在风格上也应保持一致。

2. 构图

构图就是广告平面内如何布局。广告构图巧妙，可以显著提高观众对广告的注意力，有效促进广告信息的传递。

对于工业产品广告而言，为了突出广告的主题，往往选用单一纯粹的主题，采用或局部特写，或强烈对比，或从独特视角来表达等手法，将广告各要素有机地组织起来。特别是需要协调布置广告中的图形和文字，选用合适的字体和颜色将文字布置在整个广告版面中最恰当的位置，既能表达出产品的信息，又能凸显出广告所要传递出的美好情感。

10.3 广告设计的一般步骤

对于工业产品而言，广告设计的步骤一般如下：

（1）广告的主题，进行创意设计，宣传主要产品的特性；

（2）广告构图：上下、左右、中心式或辐射式等；

（3）执笔画底图，包括图形、字体和色彩等，先画宣传主体，然后是色彩、底色、配色，注意色彩对比；

（4）进行广告修改，调整，……，直至满意；

（5）纸面的大小：也可一开始即确定纸的大小。

10.4 广告设计实例分析

图 10-1 所示可口可乐广告。可口可乐公司于 1886 年成立于美国佐治亚州亚特兰大市，是国际饮料行业的龙头企业。该广告采用了中心式的构图形式，将产品品牌"Coca-Cola"置于广告幅面的最中心位置，以瓶口刚刚开启，可乐饮料随之喷薄而出的特写为主题，让人感觉到的是能量的源泉，给人们带来怡神畅快、清凉的美妙感。这种构图思想的特点是主题明确。广告选用红色为主色调，极具震撼效果，利用红、白色彩间的强对比，在广告版面的最中央凸显出产品的品牌"Coca-Cola"，给人印象深刻。立刻产生有饮用可口可乐的强烈欲望。

图 10-1　可口可乐广告

　　图 10-2 为兄弟搬家公司的宣传广告，由精练的短句和图形两部分组成。广告的主色彩选用了鲜艳、明亮的红色，能够在第一时间吸引住人们的眼球。我们为该公司设计的广告词"兄弟来搬家，顾客乐哈哈！"体现了搬家公司对顾客的服务宗旨。车身由公司名称和联系电话组成，以醒目的字体设计，准确传递出顾客最需要的信息。

图 10-2　兄弟搬家公司广告

如图 10-3 所示为国产 C919 飞机的广告。主题明确，可以很好地唤起人们乘坐大飞机的欲望。标语"旅游世界　舒适安全"对大飞机的功用和性能做了高度概括。广告除了突出 C919 大飞机本身之外，还能够引发人们的联想——"乘坐国产大飞机，舒适安全地去旅游世界"。整个广告由标语和 C919 大飞机组成，简洁、明快，色彩以蓝、白、红为主，给人以自强、自立、骄傲自尊之感。

图 10-3　国产 C919 大飞机广告

如图 10-4 所示为大型邮轮的宣传广告。该广告示意在深海中行驶的大型豪华邮轮，寓意乘坐邮轮畅游全球。广告标语"碧水蓝天　享受自然"直接点明广告的主旨，同时引发人们在情感上的共鸣，纷纷乘坐邮轮去尽情地享受自然。邮轮平稳航行，海鸥紧随其后组成了一幅美丽的画面。标题语位于广告的右下方，选用和邮轮相同的白色与深蓝色的海水形成强烈的色彩反差，来凸显出广告的主旨和中心思想。

图 10-4　大型邮轮广告

　　图 10-5 为狮身人面像的宣传广告。狮身人面像是举世闻名的古迹，是古埃及文明的代表，古代世界七大奇迹之一。广告的创意选择星光璀璨下的狮身人面像画面，广告旨在鼓励人们来旅游参观。璀璨的星空更加凸显出了黄色狮身人面像的雄伟和庄严，画面也暗示代表古代人类文明的狮身人面像如夜空下的星星一样耀眼、夺目。

图 10-5　狮身人面像宣传广告

　　图 10-6 为原研哉中国展的宣传海报。选用红色的背景，配以白色的宋体汉字和罗马字体英文文字，简洁明快地传递出活动的主题、地点，既言简意赅又醒目。该海报设计没有选用新奇的创意和复杂的艺术表现手法，而是中规中矩地以文字布局在长方形的版面上，显示出一幅完美的整体。

图 10-6　原研哉中国展海报

10.5 对可口可乐广告设计实例分解

以可口可乐为例（图 10-1），介绍广告的设计思路。首先确定广告宣传的对象为瓶装可口可乐，潜在消费对象为充满活力和激情的人群。广告除需要传递出产品的特征外还需要体现出这些象征意义。通过广告创意，选择以一瓶刚刚开启、可乐随之喷薄而出的局部特写为广告的主要内容。为了凸显"Coca-Cola"的品牌，选用中心式的构图方式将产品商标置于广告最中心位置，同时在色彩上采用红、白相间的强烈对比。为了与局部特写形成呼应，或说是弥补局部特写给人的残缺感，创造性地在瓶盖上设计出完整的可乐瓶。这样，广告的主要内容，包括图形、文字、色彩等都确定了下来，根据中心式的构图方式选用大小合适的纸面，将广告各要素进行合理布局，在色彩的选择上以红色为主色，总数不超过三种。最后，通过喷射而出的可乐液滴将广告中各主要元素连接起来，形成有机统一的整体。

CHAPTER 11

计算机辅助平面设计

目前计算机辅助设计应用十分广泛、发展很快。已经成熟的软件如 Photoshop、Freehand、CorelDraw 等，在工业产品设计、美术艺术界等，都是人 - 计算机相结合完成的。以效果好、速度快而受到人们的好评和欢迎。工业产品艺术造型内容广泛，计算机辅助设计也是必然不可缺少的。现以设计一张银行卡为实例，介绍如何利用计算机软件完成设计。

1. 选题
清华大学银行卡（采用 Photoshop 软件）。

2. 操作步骤如下

利用 Photoshop 设计制作银行卡
（1）打开 Photoshop，新建一个文件。选择"文件 / 新建"菜单或者按"Ctrl+N"组合键打开对话框，填写文件名称，并设置宽度、高度等参数后，单击"确定"按钮，如图 11-1 所示。

图 11-1　新建文件在电脑中的画面

（2）设置背景颜色，单击选择背景色的工具，选出合适的背景色，按"Ctrl+Delete"组合键确定，如图 11-2 所示。

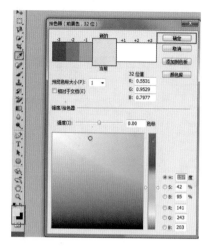

图 11-2　设置背景颜色在电脑中的画面

（3）开始设计银行卡的部分。首先，要在背景里勾勒出银行卡的轮廓。创建一个新的图层，命名为银行卡轮廓，在工具箱中选择圆角矩形工具，在工具选项中设置路径，接着在工作区拖出一个圆角矩形工具形状，设置圆角的半径，同时设置银行卡的长宽为黄金比例 0.618。之后按"Ctrl+Enter"组合键把圆角矩形转换为选区，设置前景色为白色，按"Ctrl+Delete"组合键进行确认，最后按"Ctrl+D"组合键取消选择，如图 11-3 所示。

图 11-3　勾勒银行卡的轮廓在电脑中的画面

（4）在将银行卡的轮廓画好之后，设置银行卡的背景颜色。为了使银行卡的效果更加美观，我们将银行卡的图层设计为内发光及渐变叠加的样式。双击图层银行卡轮廓的位置，分别勾选内发光及渐变叠加选项之后调整参数，如图11-4所示。在进行对图层样式的参数设定之后，其效果如图11-4所示。

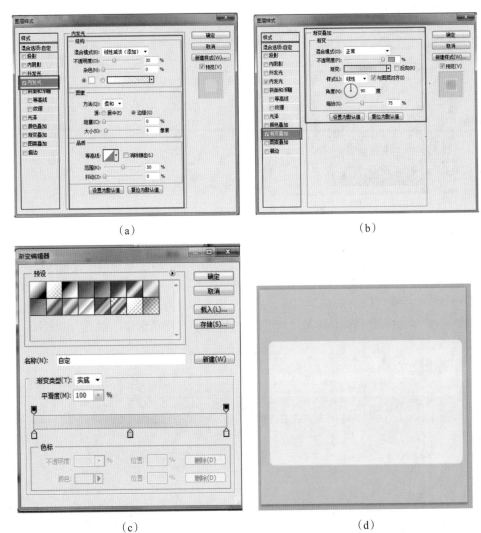

图11-4　设置银行卡背景颜色在电脑中的画面

（5）对银行卡上的内容进行设计，首先要准备银行卡设计时所使用的素材，素材可以直接从互联网上寻找。一般的银行卡，会有一个银联的标志在右下角的位置，所以，我们首先添加银联的标志。执行菜单，"文件／导入"添加素材，调整素材的位置和大小。为了使银联的标志更加美观，我们将其设置成外发光的样式并调整参数，添加后的效果如图11-5所示。

（6）添加银行的标志，这里我们以中国银行的标志为例。首先，导入事先准备好的银行标志，调整大小和位置，如图11-6所示。由于所使用的中国银行的素材有白色的背景，为了使素材更好地融入设计中去，我们需要将图层的样式设置为正片叠底，如图 11-7 所示，调整好的图案如图 11-8 所示。

图 11-5　添加素材在电脑中的画面

图 11-6　添加银行标志在电脑中的画面

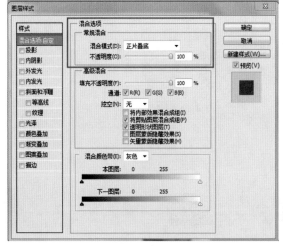

图 11-7　设置图层样式在电脑中的画面

图 11-8　效果图在电脑中的画面

（7）在将银联及银行卡的标志添加完成之后，我们便要添加银行卡的背景图案。银行卡的背景图案不宜太复杂，要做到简单美观。同样，我们先导入背景素材，调整位置和大小，如图 11-9 所示。

（8）将图层的样式设置为正片叠底，调整图层的不透明度等参数，使得背景素材更加自然地融入图案中，如图 11-10 所示。

图 11-9　导入背景素材在电脑中的画面　　　　图 11-10　设置图层样式在电脑中的画面

（9）继续向图中添加我们准备的素材。为了使银行卡的设计更加美观，可以向图案中添加一些花纹，并在银行卡的设计中添加一些表现银行卡特点的素材。进一步添加后的银行卡图案如图 11-11 所示。

图 11-11　添加素材在电脑中的画面

（10）将银行卡的卡号等信息加入到银行卡的设计中，单击软件左边工具栏的横排文字工具，即可添加文本信息，在软件的上方位置，可以调节文字的字体大小和样式等，如图 11-12 所示。将银行卡的卡号、有效期、所在地等信息逐一加入到图案中，在添加这些信息的时候，我们应注意，银行卡上的数字及文字等不应选用花哨的字体，应该使用比较正式、规范的字体。在添加的过程中，应不断地调整字体的大小、位置、样式等参数，添加后的图案如图 11-13 所示。

（11）每一个银行卡左边都有一个位置显示银行卡插入到 ATM 机的方向，最后，我们再将这个信息添加到银行卡的设计中。我们按照之前的方法，创建一个三角形图层，将其前景色设置为白色，给三角形加上黑边。调整图层的样式，最后将"ATM"三个字插入到图案中，便完成了整个银行卡的设计工作，如图 11-14 所示。

图 11-12　添加文本信息在电脑中的画面

图 11-13　调整后的字体

图 11-14　添加插入方向标志

（12）最后，可以将文件的背景图层删除，并将文件保存为 JPEG 等图片格式，得到最后的银行卡效果图如图 11-15 所示。

图 11-15　银行卡效果图

CHAPTER

计算机辅助 3D 打印设计

12.1　3D 打印的概念

　　制造技术大致可以分为三种方式。其一是材料去除方式，也称为减材制造，一般是指利用刀具或电化学方法，去除毛坯中不需要的材料，剩下的部分即是所需加工的零件或产品。其二是材料成型方式，也称为等材制造技术，铸造、锻压及冲压等均属于此种方法，主要是指利用模具控形，将液体或固体材料变为所需结构的零件或产品。这两种方法是传统的制造方法。其三是最近几年发展起来的 3D 打印技术，也称为增材制造。3D 打印是指采用打印头、喷嘴或其他打印技术沉积材料来制造物体的技术。2016 年 10 月哈佛大学生物工程系在实验室利用 3D 打印技术制造出人体肾脏中近端小管，其功能几乎与健康肾脏中的近端小管完全一致，成功解决了困扰研究人员 20 多年的因人体肾脏复杂的三维结构和内部蜂窝状构造所带来的加工难题。

12.2　3D 打印的通用化过程

　　（1）3D 打印过程的第一步是利用 3D 建模软件，如 AutoCAD、ProE、SolidWorks 等计算机矢量建模软件或逆向工程重建软件，对目标产品进行数字化编辑。随后，将 3D 软件存储为 STL 格式的文件，并使用 3D 打印机的驱动程序自带的分层切片软件将建立的 3D 数字模型分割成若干个薄层，每个薄层的厚度取决于喷涂材料的性质及 3D 打印机的精度，一般在几十微米至几百微米之间。准备工作完成后便进入打印过程，根据要打印产品的不同造型结构选择不同的打印方法。打印完成后还需要将打印出来的 3D 模型进行后处理，如剥离、固化、打磨、后期修整等（图 12-1）。
　　（2）从原理上来看，数据从三维到二维是一个"微分"的过程，从二维薄层累加成三维物体的过程是一个"积分"的过程。整个过程是将三维复杂结构降为二维结构，然后再由二维结构累加为三维结构。这一制造思想相对于传统的制造模式是一种变革，并在最近二十几年来数字化技术的发展下不断成熟。

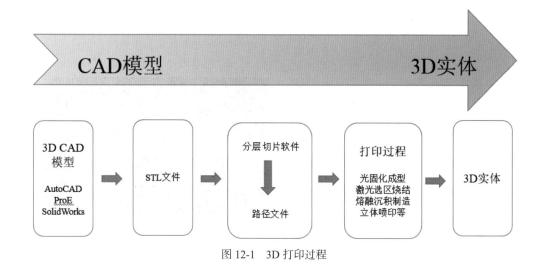

图 12-1　3D 打印过程

12.3　3D 打印的特点

著名的《经济学人》将 3D 打印技术称为最有前景的新型生产方式，将可能引起新的工业革命。3D 打印技术之所以可以促进传统制造业的转型和升级，是因为其具有以下特点。

1）复杂结构的制造

对于传统的加工方式，加工物体的造型和结构越复杂，制造成本便会越高。与传统的机加工和模型成型等工艺相比，3D 打印技术将三维实体加工变成二维平面加工，大大降低了制造的复杂程度。制造过程几乎与零件的复杂化程度无关，用以实现"自由制造"，3D 打印是传统加工特点无法比拟的，其可以加工出传统方法难以加工的结构，如曲面叶片、镂空结构等，在模具、汽车、生物医疗、航空航天等领域内具有广阔的应用前景。

2）适合产品的个性化定制和多样性设计

在传统批量生产时，需要大量的工艺技术准备以及复杂的设备和刀具制造资源。与之相比，3D 打印在灵活性方面具有极大的优势：不需要购买大量的设备资源，不需要专门的技术人员，只利用一台 3D 打印机便可以打印出不同造型结构的产品。3D 打印的这个特点非常适合小批量生产、个性化产品的制造和生产，相对于传统加工工艺，极大地降低了定制生产、个性化设计和创新设计所带来的加工成本，见图 12-2 和图 12-3。

3）技术、形态不受限制

传统制造技术受到加工设备、科技水平、加工方式等因素的限制，制造产品的形态也会受到制约。例如，传统车床只能加工圆形的产品，轧机只能与铣刀配合加工组装的部件等。而 3D 打印技术可以突破这些限制，为制造者和使用者带来更多的可能。

4）高附加值产品的制造

3D 打印技术的诞生只有二十多年的时间，相比于传统制造技术还有很多不成熟的地方。其中一个很大的缺点就是加工效率较低且加工尺寸有限，但是在制造复杂结构上有优势，非常适合制造高附加值的产品，如航空航天零部件、珠宝及生物医疗产品等，并且经常用于大规模生产前的研发与设计验证。

图 12-2　3D 打印的珠宝

图 12-3　3D 打印的艺术品

12.4　3D 打印技术目前面临的局限

从目前国内外的研究和应用情况看，3D 打印技术相对于传统技术成熟度低，距离广泛应用尚存在一定差距。目前 3D 打印技术面临的局限性主要有以下几点。

① 材料适用范围较少。3D 打印材料的研发是 3D 打印能否具有突破的关键性因素。目前 3D 打印所使用的原材料主要有塑料、树脂、部分金属材料等，材料的种类及数量比较有限。所以，为了使 3D 打印技术更加广泛地应用和推广，研发出更多适合 3D 打印的新材料是十分必要的，也是非常重要的。

② 制件的精度较低。虽然目前工业化 3D 打印机的精度已经可以到达微米级别，但是桌面化 3D 打印机的精度仍然较低。与传统工艺相比，产品在性能和精度上仍然存在差距。

③ 规模生产受到限制。曾经有人说，"3D 打印的速度比蘑菇的生长还慢"，这话虽然有些夸张，但也可以看出 3D 打印目前的加工速度还很低，无法进行大规模的批量生产。对于大量刚性产品，3D 打印技术还是无法取代传统制造技术。

12.5　利用桌面级 3D 打印机打印实际物体

在此我们将介绍如何用桌面级的 3D 打印机打印出实体结构。我们将从一个三维模型开始，最后用三维打印机打印出和三维模型一样的实体结构。

1. 3D 打印原理

如前所述，3D 打印技术是一种以 3D 数字模型文件为基础，运用粉末状金属或塑料等可粘合材料，通过逐层打印的方式来构造物体的技术。首先我们先要确定打印的 3D 数字化模型，在 3D 数字化模型输出到 3D 打印机前，我们需要对 3D 模型进行分层，这个过程类似于高等数学里的微分。然后将这些分层后的数字化文件输入到打印机中，打印机的软件会生成路径文件；之后，打印机会按照打印的路径，逐层将结构打印出来，这类似于高等数学中的积分，最后将整个结构叠加成型。之所以称之为"打印机"，是因为分层加工的过程与喷墨打印的过程十分相似。在结构组成上，3D打印机是由打印喷头、耗材、机械和控制组件组合而成的。

2. 熔融沉积成型（FDM）（熔丝制造，FFF）

现在桌面级的3D打印机（如 RepRap、Ultimaker、MakerBot）大多数采取的工艺为熔融沉积成型工艺（fused deposition modeling，FDM），也称为熔丝制造（fused filament fabrication，FFF）。这种工艺属于"材料挤压成型"这一大类。

FDM 技术的原理是，将丝状热塑性材料通过喷头内电阻加热熔化，喷头的末端有内径较细的喷嘴，将材料以一定的压力挤出来，同时喷头沿水平方向移动，挤出的材料与之前的材料熔合在一起。每个层面沉积完成后，工作台按事前设定的参数下降一个层的厚度，再继续进行熔融沉积，直到最后完成整个实体的打印。FDM 作为最广泛使用的桌面级3D打印机，具有如下优点：

（1）无需激光器等贵重元器件，工艺简单，成本低廉；

（2）操作环境干净、安全，不产生有毒有害气体；

（3）原材料主要以 ABS、PLA 等聚合物材料为主，原材料成本较低，且材料以卷轴丝的形式提供，易于快速更换。

3. 桌面级3D打印机结构

以国内太尔时代生产的 UP 型号的3D打印机为例，介绍桌面级3D打印机的结构，如图12-4所示。从图上可以看出，该型号的3D打印机主要由以下几个部件构成。

① 放置丝状耗材的支撑装置，可以将3D打印所使用的耗材放在上面。

② 喷头装置，该型号3D打印机的喷头主要包含以下两个功能：一是加热功能，使得材料能够熔化；二是可以推动材料，使得材料从喷嘴处挤出。在打印时，喷头可以沿 x 轴移动。

③ 升降台，实现3D打印逐层打印的装置。在打印时放置成型底板，每打印完一层后，升降台会按设定的参数下降一个层厚的高度，再继续下一层的打印。

④ 打印底板，位置在升降台上方，是3D打印的成型区域，打印时与升降台可以进行 y 轴方向上的相对运动。见图12-4。

工作过程：在3D打印机工作时，会将耗材固定在支撑架上，同时将一端插入到喷头内，喷头会对材料进行加热，同时推动材料从喷嘴流出。在进行单层水平方向上的打印时，喷头沿 x 轴进行运动，成型底板沿 y 轴运动，实现单层的打印。在一层打印结束后，升降台会沿 z 轴方向下降预定层厚的高度，之后进行下一层的打印。最后逐渐打印出完整的结构。

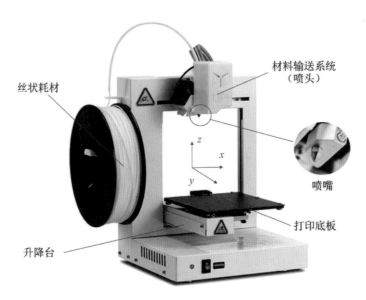

丝状耗材

材料输送系统
（喷头）

喷嘴

打印底板

升降台

图 12-4　桌面级 3D 打印机（太尔时代）

12.6　用 3D 打印机进行打印

现在家用 3D 打印机越来越普及，在全球购物网站 eBay 上，可以搜到各式各样的家用 3D 打印机，最便宜的售价只有几千元人民币。也许有一天，3D 打印机将会像电视一样，走进千家万户。下面我们将介绍如何利用桌面化 3D 打印机打印出我们所需要的物体。

将三维模型导出成 STL 分层文件

我们现在所使用的三维模型绘图软件，如 AutoCAD、ProE、SolidWorks 等，都可以非常方便地绘出三维模型。在三维模型文件传送到 3D 打印机之前，需要对三维模型进行分层，现在国际上使用最多的分层文件是 STL（Stereo Lithography）文件。下面，我们以一款容易上手的三维绘图软件 SolidWorks 为例，教大家如何获取三维模型分层后的文件。

（1）首先，在 SolidWorks 中打开我们所要打印的三维模型海豚，如图 12-5 所示。

之后，将三维模型进行分层。对于 SolidWorks 来说，生成 STL 文件非常容易，只需要将三维模型直接保存成 STL 文件即可，如图 12-6 所示：文件→另存为→选择输出路径→文件类型选择为 STL →单击保存。

（2）打开 3D 打印机的开关，并初始化打印机，同时让打印平台开始进行预热，如图 12-7 所示。

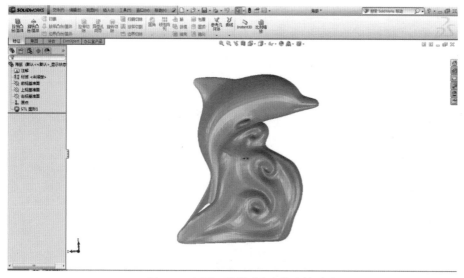

图 12-5　打开三维模型在电脑中的画面

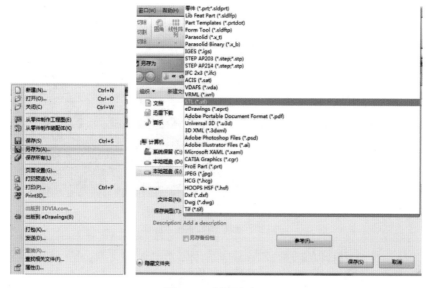

图 12-6　分层页面

图 12-7　初始化打印机并预热

（3）导入之前生成的海豚模型的 STL 文件，并调整打印模型的大小、方向和位置。通过缩放一定的比例改变打印模型的大小，通过移动位置来调整打印的位置，通过旋转角度调整打印时合适的角度，如图 12-8 所示。

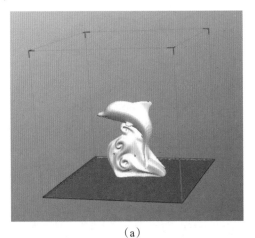

（a）

（b）

图 12-8　预想的海豚模型画面

（4）之后，我们对打印的质量，是否打印实体，是否打印支撑，平台的加热条件等进行设定，如图 12-9 所示。

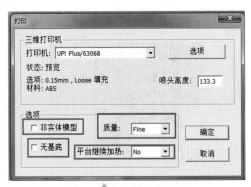

图 12-9　打印设定的界面

（5）接下来，要设定层厚等参数，由于海豚模型有一些位置无法直接进行打印，所以需要先打印一部分支撑，再以支撑上面进行实体的打印，所以还要对支撑的一些参数进行设置，如图 12-10 所示。

（6）在设置好所有的参数后，将打印平板安装到打印底板上，并调整打印底板的高度，使打印平板与喷头尽可能地接近而不接触。调整喷头位置和打印底板高度的界面，如图 12-11 所示（调整好的位置如图 12-12 所示）。

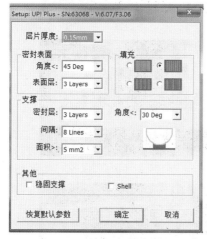

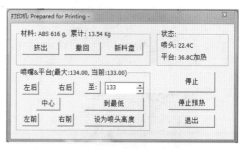

图 12-10　参数设定界面　　　　　　　　　　图 12-11　准备打印

图 12-12　调整打印底板的高度

（7）以上步骤调节完成之后，单击打印，打印机软件便会生成打印基底以及整个结构的打印路径文件，之后软件会将打印的路径文件传输到打印机中，打印机便会开始进行打印，如图 12-13 所示。

图 12-13　开始打印

打印的整个过程如图 12-14 所示。

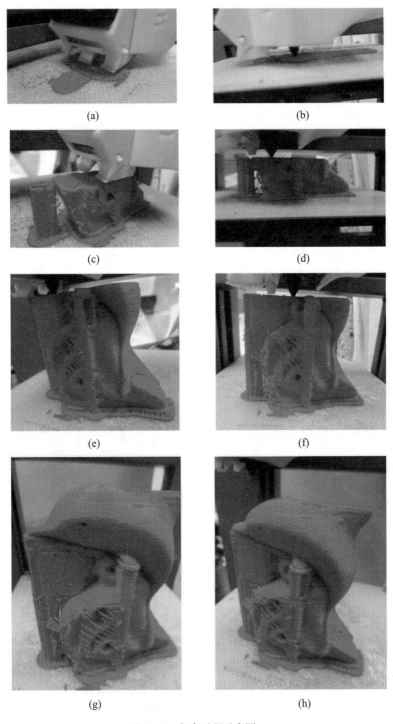

(a)　　　　　　　　　　(b)

(c)　　　　　　　　　　(d)

(e)　　　　　　　　　　(f)

(g)　　　　　　　　　　(h)

图 12-14　打印过程示意图

在打印结束后，我们需要将 3D 打印时产生的基底、支撑等多余部分去掉，修饰即可得到所设计加工的产品，如图 12-15 所示。

图 12-15　打印好的海豚模型

12.7　目前 3D 打印的产品

本节选择了 3D 打印技术一些有代表性的产品，见图 12-16。

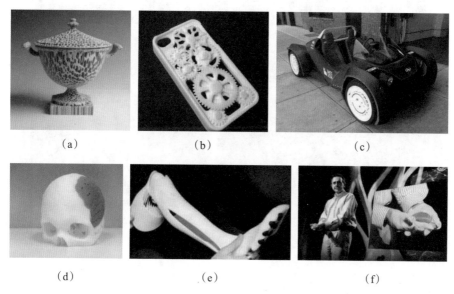

　　(a)　　　　　　　　(b)　　　　　　　　(c)

　　(d)　　　　　　　　(e)　　　　　　　　(f)

(a) 3D 打印的陶瓷艺术品；(b) 3D 打印的手机壳；(c) 3D 打印的汽车；(d) 3D 打印的修复头骨；
(e) 3D 打印的假肢；(f) 3D 打印的人工肾脏；(g) 3D 打印的巧克力食品；(h) 3D 打印的面包；
(i) 3D 打印的服装；(j) 3D 打印的鞋；(k) 3D 打印的中国龙摩托车；(l) 3D 打印的尼龙材料的自行车

图 12-16　3D 打印的代表性产品

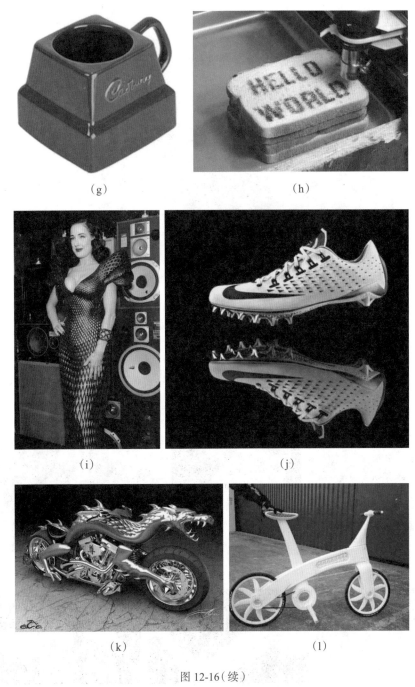

(g)　　　　　　　　　　　　　　(h)

(i)　　　　　　　　　　　　　　(j)

(k)　　　　　　　　　　　　　　(l)

图 12-16（续）

3D 打印之所以能够推动工业革命，是因为 3D 打印技术将在两个方面产生影响。

第一，3D 打印影响了传统的生产方式，借助这一技术，制造企业的柔性生产能力将会进一步提高，在未来可能会步入自由生产的阶段。整个制造行业将完成从"规模生产"到"规模定制"的转变。

第二，3D 打印将开创以"智能云网""个人制造""网络社区智造"为代表的新工业模式。3D 打印将会使设计和制造的技术门槛大幅度降低，激发更多的个性化设计。此外，借助网络社区平台等媒介，可使创意迅速转化为实际产品，为个人智造提供了更大的便利。

在不久的将来，随着 3D 打印技术越来越广泛的应用，这种规模定制的生产方式将会逐渐替代传统的规模化生产方式。3D 打印很有可能直接打印出整个物体，这将对制造行业产生极大影响。

可以预见，只要拥有合适的材料，3D 打印技术将可能被运用在任何产品的制造。只要能想象出来的东西，3D 打印几乎都能打印出来。

参 考 文 献

[1] 曹田泉，王可.色彩设计 [M].上海：上海人民美术出版社，2011.

[2] 崔维.视觉传达色彩设计 [M].北京：中国青年出版社，2008.

[3] 李达,姜勇,徐涉芬.人机工程学 [M].北京：电子工业出版社，2014.

[4] 刘汀，刘超英.世界 500 强企业"标志的创意与设计" [M].北京：中国水力水电
     出版社，2011.

[5] 钱原平.标志设计 [M].上海：上海画报出版社，2006.

[6] 辛华.中国探月三级跳 [M].北京：新华出版社，2014.

[7] 徐雯.广告设计基础 [M].北京：清华大学出版社，2012.

[8] 张成禄.广告设计 [M].北京：清华大学出版社，2015.